지구를 살리는
하늘물

지구를 살리는 하늘물 (개정판)

초판 1쇄 발행 　 2009년 5월 10일
초판 2쇄 발행 　 2011년 3월 20일
개정판 1쇄 발행 　 2020년 2월 20일

지은이 | 한무영
발행인 | 박정자
편　집 | 김윤희 이미경 허희승
마케팅 | 류호연
디자인 | 에페코북스 편집실
사　진 | 박성수 작가

주　소 | 서울시 영등포구 여의도동 14-5
전　화 | 마케팅02-2274-8204
팩　스 | 02-2274-1854
이메일 | rutc1854@hanmail.net
발행처 | 우리
출판등록 | 제 2020-000004호

지구를 살리는
하늘물

한무영 지음

우리
출판

하늘이 내린 빗물

　이 책의 초판이 많은 사람들에게 영향을 준 듯합니다. 경남 고성의 군수님은 이 책을 읽고 고성에 내리는 모든 빗물을 모으도록 결정하고, 당항포 공룡엑스포에 빗물을 받아서 여러 가지로 활용하는 방법을 설치하여 학생들이 공룡과 빗물을 배울 수 있는 장으로 삼도록 했습니다. 새로운 공룡엑스포의 슬로건은 '하늘이 내린 빗물, 공룡을 깨우다'입니다.

　또한 교과서를 만드는 분들은 이 책의 내용을 중학교 2학년 국어 교과서에 '지구를 살리는 빗물'이라는 장으로 실었습니다. 그 뒤 교과서는 물론 참고서에도 이러한 내용이 실려 어린 학생들부터 산성비를 무서워하지 않고, 오히려 빗물로 지구를 살리는 창의적인 방법들을 생각하게 될 것입니다.

　국제물학회(IWA) 잡지 2010년 12월호에는 '빗물관리 : 한국이 세계를 이끌다'라는 기사로 대한민국이 빗물관리를 제일 잘하고 전 세계를 이끌고 있다고 소개했습니다.

　초판을 펴낸 뒤 일본어와 영어로 번역이 되었습니다. 영어 번역본은 국제물학회 Wsterwiki에 칼럼을 올려 전 세계 여러 나라 사람들이 쉽게 읽도록 했습니다.

　앞으로 더 많은 사람들이 이 책을 통해 빗물의 소중함을 알고, 빗물을 버리는 도시에서 빗물을 모으는 도시로 만들어 나가길 바랍니다.

한 무 영

빗물을 보면 우리 모두 물 걱정없이
살수 있을텐데요

  21세기가 시작된 2000년 가뭄 때의 일로 기억합니다. 학자들마다 주기적으로 반복되는 가뭄을 극복하기 위한 대안을 내놓았습니다. 저 역시 수(水)처리를 전공하였기 때문에, 그 지식을 이용하여 가뭄을 극복해보자는 생각을 했지요. 하지만 문제는 처리할 물 자체가 없을 때는 아무런 대책이 없다는 것을 깨달았습니다. 한계에 도달한 것입니다.

  그때 우연히 읽게 된 책 하나가 저를 빗물과 인연을 닿게 했습니다. 일본의 무라세 박사가 쓴 《빗물과 당신》이란 책입니다. 낭만적인 책의 제목과 달리, 빗물을 관리하고 이용하면 물 문제를 해결할 수 있다는 내용을 담고 있었습니다. 갑자기 눈이 떠지는 기분이었습니다. 이렇게 쉽게 해결할 수 있다니, 왜 여태 이걸 몰랐을까 그런 생각이 들었습니다. 그 뒤 지은이 무라세 박사와 교류하며 건전한 물의 순환을 회복하고 물 문제를 해결하기 위해서는 비만 모으면 된다는 결론에 이르렀습니다. 물이 어디에서 와서 어디로 가는지에 대한 간단한 자연의 이치도 모르면서 그동안 어려운 방법에만 집착을 해온 것입니다.

  지금껏 물 관리 공부에 투자한 시간과 비용이 아까웠지만 저는 과감하게 방향을 틀었습니다. 당장 사회에서 필요로 하는 급한 일에는 별로 도움을 주지 않는 어렵고 복잡한 연구보다는, 쉽지만 많은 도움을 주는 연구가 시급하였기 때문에 빗물에 발을 들여 놓게 된 것입니다.

  빗물을 연구하게 되면서 제 성격도 변했습니다. 마음이 편하고 즐거워졌습니다. 저 뿐만 아니라, 외국에서 빗물을 연구하는 사람들 역시 그러합니다. 모두들 낙천적이고 착한 성품을 갖고 있더군요. 그건 아마도 남의 것을 빼앗아 쓰려고 하기 보다는 자연의 선물인 빗물을 공짜로 쓸 수 있도록 다른 사람에게 알려주기 때문이 아닐까 생각합니다. 깨끗한 한 방울의 물이 없어 고통을 겪던 사람들이 삶의 희망을 찾는 것을 보며 함께 기뻐하다 보니 그리 됐나 봅니다.

한반도의 기후와 지형조건은 세계에서 가장 열악합니다. 그런데도 우리 선조들은 수 천 년 동안 이러한 조건을 극복하고 찬란한 문화를 꽃피웠지요. 저는 그 비밀이 무엇인지 알아보았습니다. 바로 홍익인간 정신이었습니다. 자연과 더불어 살아가는 지혜를 발휘했고, 나만 잘사는 것이 아니라 다른 사람과 함께 나누고, 다음 세대의 삶까지 배려하며 살았던 그 마음 말입니다.

빗물 연구를 시작하던 무렵, 저는 세종대왕께서 세자와 집현전 학자들과 함께 측우기 연구를 하는 그림을 보고, 하나의 비전을 세웠습니다. '우리가 세계에서 처음으로 빗물관리를 하였으니, 최고의 빗물 관리자가 되자.'라고 말입니다. 그래서 우리 조상들이 환경과 더불어 사는 비결을 찾아내고, 일본에 전파 해주었던 기술을 찾고, 우리 문화와 습관 가운데 그러한 친환경적인 것을 공학과 과학으로 해석해 보고, 새삼 우리 선조들의 지혜와 민족의 우수성을 깨달았습니다. 요사이 선진국에서 첨단 환경기술

이라고 연구하는 것이 바로 오래 전 우리 선조들이 생활에서 실천했던 것
이니까요.

그렇게 선조들에게서 배운 홍익인간 정신을 바탕으로, 서울 광진구에
있는 '스타시티'라는 건물에 세계 최고의 빗물 이용시설을 설치해 세상에
자랑을 하고, 국제물협회(IWA) 빗물분과 위원장이 되어 빗물관리를 잘 모
르는 후진국이나 선진국까지 기술과 철학을 가르쳐 주다 보니, 어느새
저는 빗물에 관한 한 세계 최고라는 인정을 받게 되었고, 기분 좋은 별명
하나도 얻게 되었습니다. 바로 '빗물 박사'라는 별명입니다.

이 책은 제가 전문가나 일반인들로부터 빗물에 대해 받은 질문들에 대
해 답변을 하면서 일주일에 한번 씩 쓴 칼럼을 바탕으로 만들었습니다. 그
동안 저는 의외로 빗물에 대해 잘못 알려진 상식 때문에 우리의 사회 시스
템이 나빠지는 것을 수차례 보았습니다. 그리고 이렇게 잘못 알려진 상식
을 어떻게 올바르게 잡을 것인가에 대한 고민을 많이 하였습니다. 하지만
한 번 단단하게 굳어버린 기존의 벽을 뚫는 것은 참 어려운 일이었지요.
결국 일반인과 학생들이 빗물에 대해 올바르게 이해하도록 하기 위해서
는 쉬운 글로 설명하는 것이 최선이라는 생각을 하게 되었고, 그 결과 이
책이 탄생하게 된 것입니다.

이 글을 마무리하던 무렵, 지난 몇 달 째 극심한 가뭄에 시달리던 이 땅
에 반가운 단비가 촉촉하게 내렸습니다. 얼마 만에 오시는 귀한 손님인지

요. 내리는 비를 보며 "이 소중한 빗물을 전국에 걸쳐 모두 다 받을 수만 있다면, 가뭄이 끝날 때까지 우리 모두 물 걱정 없이 살 수 있을 텐데" 라는 생각을 했습니다.

빗물이라는, 평생을 즐겁게 연구할 수 있는 일이 생긴 것을 고맙게 생각합니다. 다른 사람들에게도 자신 있게 권할 수 있는 일을 알고 있으니 그것도 참 다행입니다. 아무런 댓가 없이 빗물만 모으면 지금보다 나은 삶을 살 수 있다고 가르쳐 주고, 그렇게 해서 사람들이 즐거워하는 것만 보아도 즐겁습니다. 빗물 모으기로 같이 행복해 질수 있는 사람들이 더 많아진다면 그보다 더 보람되고 행복한 일이 없을 것입니다.

이처럼 즐거운 것을 가르쳐 주고 다른 사람들을 위해 일할 수 있는 지혜를 가르쳐주신 우리 선조들께 감사드립니다.

이 책을 정리하는데 도움을 주신 정선영 씨와 에페코북스 출판사 사장 박정자 대표님에게도 고맙다는 말을 전합니다.

2020년 2월
관악산에 내리는 비를 바라보며
한 무 영

Contents

1장

빗물, 왜 가장 안전한가

사람 사는 곳에 오해와 편견이 많듯이 빗물에 대해서도 그러합니다. 산성비라서 맞으면 머리카락이 빠진다거나 오염물질이 많이 섞여 있어서 폐기물이나 다름없다고 생각합니다.

정말 그럴까요? 이는 모두 잘못된 정보와 상식에 기인합니다. 하지만 너나없이 이를 변하지 않는 사실로 받아들이고 있습니다.

이 장에서는 세간의 정보가 왜 잘못되었는지 빗물이 왜 세상에서 가장 깨끗하고 안전한지 우리가 잘못 알고 있던 빗물에 관한 진실을 알려 드립니다.

🌊 빗물은 태어날 때부터 착하다

> 자연계에서 물의 순환을 살펴보면 가장 꼭대기에 있는 것은 빗물입니다. 그렇다면 이 빗물을 아무런 처리 과정을 거치지 않고 바로 마실 수 있을까요?

세상이 지금처럼 온갖 공해물질로 뒤덮이기 이전 시절을 돌이켜 생각해봅니다. 별로 멀리 갈 것도 없습니다. 우리네 60~70년대로 한번 돌아가 볼까요. 동네 아이들이 골목 어귀에서 뛰어놀고 있습니다. 추운지 더운지도 모르며 신나게 뛰어놀던 아이들은 갈증이 납니다. 어디서 시원하게 물 한 모금 마시고 싶어지네요. 물을 마실 곳은 많습니다. 마을 뒷산의 계곡, 동네 어귀마다 터줏대감처럼 자리 잡고 있는 우물, 집 앞마당에 잘록한 허리를 뽐내며 서있던 펌프에서 전혀 거리낄 것 없이 물을 받아먹었습니다. 그뿐인가요. 때마침 비라도 오면 고개를 한껏 뒤로 젖히고 빗물을 받아먹었습니다. 그때 그 물맛이란!

그런데 오늘날 아파트 놀이터에서 뛰어노는 아이들은(공부하느라 뛰어놀 시간도 없겠지만) 비가 오면 어떻게 할까요 네, 부리나케 집 안으로 뛰어 들어가기 바쁩니다. 어른들로부터 귀가 따갑도록 들어온 말이 있으니까요. "얘, 비 맞지 마라. 산성비라서 머리카락 빠진다. 빗물에 얼마나 많은 공해물질이 섞여 있는 줄 아니." 이렇게 말입니다.

자, 이젠 공원으로 나가볼까요 참 많은 사람들이 소풍을 나와 있네요. 가족끼리 먹을거리를 잔뜩 싸와서 풀밭 위에서 점심을 먹기도 하고, 친구들끼리 수다꽃이 한창입니다. 다정한 연인들 모습도 보이는군요. 그런데 이 많은 사람들 곁에 깍두기처럼 늘 따라다니는 것이 있지요. 네, 바로 병물입니다. 일명 '생수'라고 합니다. 사람들은 이 병물이 철저한 정수과정을 거쳤기 때문에 세상에서 가장 맘 놓고 마실 수 있는 물이라고 말합니다.

그런데 이 사람들에게 빗물을 한 번 받아 마셔보라고 하면 어떻게 될까요? 아마 이런 권유를 한 사람을 상식 이하의 사람이거나, 정신이 약간 온전하지 못한 사람 취급을 할지도 모릅니다. 사실은 지금까지 안심하고 마셨던 병물이 원래는 빗물에서 비롯되었다는 사실은 까맣게 잊은 채 말입니다.

네, 그렇습니다. 우리가 세상에서 가장 깨끗하다고 생각하는 병물은 처음에 빗물로부터 시작됩니다. 병물만이 아닙니다. 수돗물, 우물물, 계곡물, 강물 등 땅에 흐르는 모든 물은 빗물에서 비롯된 것입니다. 수돗물을 예로 들어 한번 그 근원을 역추적 해봅시다. 수돗물 → 수도관 → 정수장 → 취수장 → 강물 또는 호수 → 계곡물 → 빗물. 그 끝에는 역시 빗물이 있는 것을 확인할 수 있습니다.

어디서 오지?

자연계에서 물의 순환을 살펴보면 가장 꼭대기에 있는 것은 빗물입니다. 그렇다면 이 빗물을 아무런 처리 과정을 거치지 않고 바로 마실 수 있는 걸까요 정답부터 말하자면, 맞습니다. 그냥 마셔도 됩니다. 왜냐하면 빗물은 태양에 의해 증발한 순수한 증류수이기 때문입니다. 하늘에 누가 있어 빗물 속에 오염물질을 섞어 넣을 수 있겠습니까?

그런데 이 빗물이 땅으로 떨어지는 동안 공기나 땅으로부터 여러 물질이 녹아 들어갑니다. 다행히 빗물이 흙 속으로 스며들어가면 광물질이 녹아 들어가 미네랄워터가 됩니다. 우리가 비교적 안심하고 마실 수 있는 지하수가 되는 것이지요. 그런데 지상에 떨어지는 빗물은 흙 속으로만 들어가는 것이 아닙니다. 땅 위 어디에나 떨어집니다. 특히 여러 가지 더러운 오물 위에 떨어져 오수(오염된 물)가 되기도 합니다. 땅 위에 떨어지는 순간 빗물은 오염되기 시작하니까요. 이제 빗물은 처음의 순수했던 성질을 잃어버리고 하수가 되어버립니다. 그리고 하천으로 흘러들어가고 다시 바다로 흘러갑니다. 강물이 취수장으로 흘러가 정수과정을 거쳐 각 가정의 수도관으로 흘러가기도 합니다.

자, 이 과정에서 우리는 무언가를 깨달을 수 있습니다. 빗물이 멀리 갈수록 더 많은 양의 오염물질이 들어가고 더 쓸모없는 오염된 물이 되어버린다는 사실입니다. 이것은 아주 간단하고 평범한 진리입니다. 그런데도 우리는 땅 위에 떨어져 더러워진 뒤에야 그 물을 비싼 비용과 대가를 치르고 정수를 한 뒤에 사용합니다. 그렇다면 이제 대답은 뻔합니다. 세상에서 가장 깨끗한 물은 바로 땅에 닿기 전의 빗물인 것입니다. 사람은 태어날 때부터 선하다거나 악하다는 논쟁이 따라붙기도 하는데요. 빗물만큼은 틀림없이 태어날 때부터 선합니다. 그처럼 태어날 때부터 깨끗한 빗물이 더러워지기 전에 사용할 방법을 찾아야 합니다.

그런데 우리는 빗물을 마시기는커녕 세수나 목욕을 할 엄두도 내지 못합니다. 물이 부족하다, 아껴 써야 한다면서도 말이지요. 사실 우리는 빗물로 물 부족 사태에 대비할 수 있을 뿐만 아니라 이를 잘 활용하면 홍수를 예방할 수도 있고, 가뭄에 대비할 수 있으며 강물 오염도 줄이고, 지하수가 마르는 것도 막을 수 있습니다. 그 뿐만 아니라 도시 열섬효과를 줄여 쾌적한 도시환경을 유지할 수도 있습니다.

과연 어떻게 빗물이 그 많은 일을 해낼 수 있다는 것인지 궁금하지 않습니까? 자, 지금부터 빗물의 놀라운 비밀이 하나씩 밝혀집니다.

🌊 이제는 물맹을 퇴치할 때

> 비에 산성이 포함되어 있지만, 전혀 몸에 해로울 정도가 아닙니다. 산성비에 관한 이야기는 다음 장에 상세히 소개하겠습니다.

여러분은 위에 쓴 제목을 보고 잠시 고개를 갸우뚱 했을 것입니다. 저것, 혹시 '문맹(文盲)'을 잘못 쓴 거 아냐? '오타로군'이라고 생각하며, 빨간 펜을 들어 '물'을 '문'으로 고친, 성격이 꼼꼼한 독자도 있을 것입니다. 하지만 오타, 아닙니다. '물맹'맞습니다. 글을 모르는 것을 문맹이라고 하지요. 그렇다면 물맹은 무엇일까요. 네, 이쯤에서 눈치 빠른 독자는 그 뜻을 짐작하셨을 겁니다. 바로, 물에 대해 무지한 상태를 일컫는 말입니다. 그렇다면 문맹이 더 심각한 문제인지 물맹이 더 위험한 문제인지 한 번 비교해 보겠습니다.

2003년 유엔개발계획(UNDP, United Nations Development Programme)에서는 인간개발지수(HDI, Human Development Indicators)를 발표했습니다. 이 자료에 따르면, 우리나라의 비문맹률(Adult literacy rate)은 97.9퍼센트 입니다. 이것을 바꿔 말하면, 우리나라의 문맹률은 2.1퍼센트에 불과하다는 뜻이겠지요. 이 수치는 우리나라가 이 지구상에서 문맹률이 가장 낮은 나라라는 것을 보여줍니다. 세종대왕께서 세상에서 가장 과학적인 문자인 한글을 만드신 덕분이지요.

아마 그 2.1퍼센트에는 지독한 가난 때문에 글을 배우지 못한 노인들이 포함되어 있을 것입니다. 그런데 이분들이 평생 살아오시면서 글을 몰라 불편하시긴 했지만, 글 때문에 전쟁을 겪지도 않았고, 글 때문에 목숨을 위협 당하지 않았으며, 글 때문에 굶지 않았습니다(물론 상대적으로 가난하게 살기는 하지만요).

그런데 물은 다릅니다. 우선 살아있는 모든 생명체는 물 없이 하루도 살아가기 힘듭니다. 우리 몸은 70퍼센트가 물로 이루어져 있는데, 몸 속 물을 5퍼센트만 잃어도 혼수상태에 빠지고 약 12퍼센트 가량 잃으면 목숨까지 잃게 됩니다. 그래서 음식을 먹지 않고는 4~5주가량 버틸 수 있지만, 물을 마시지 않고는 단 일주일을 버티기도 힘들다고 합니다. 우리의 일상생활 역시 물이 없으면 멈춰 버립니다. 물 없이는 음식도 해먹을 수 없고 배설물을 처리할 수도 없으며 빨래나 청소도 못합니다. 농촌에서는 농사를 지을 수가 없습니다. 늘 물 부족에 시달리는 아프리카 부족들 사이에는 물 때문에 전쟁을 일으켜 사람들이 죽거나 다치기도 합니다.

그렇다면 이처럼 사람 생활에 절대 없어서는 안 될 물에 대해 우리는 얼마나 잘 알고 있을까요. 즉 우리나라의 '물맹률'은 얼마나 될까요. 다음의 몇 가지 예를 들어보겠습니다.

앞의 글에서, 증류수와 다름없는 빗물이 땅에 떨어져 가장 더러워진 뒤에 정수해서 사용한다는 사실에 대해 소개했습니다. 여기에는 빗물의 안전성에 대한 사람들의 불신이 있기 때문이지만, 그 이면에는 물과 관련된 이익집단의 논리가 개입되어 있기도 합니다.

다음으로 지적할 수 있는 물맹률에 관한 것은, 우리나라 사람들의 물 사용량에 관한 것입니다. 대개 우리나라 사람들은 '물을 물 쓰듯' 펑펑 낭비한다고 합니다. 완전히 틀린 말은 아닙니다. 정부 발표를 봐도 우리나라 사람들이 다른 나라에 비해 물을 많이 쓰는 것으로 나와 있습니다. 하지만 정말로 그럴까요? 과연 정부가 발표한 수치는 다른 나라와 올바로 비교한 것일까요? 우리나라 주부들만큼 알뜰한 사람들도 드물 것입니다. 좀 더 과학적으로 얘기해볼까요. 저마다 하루에 쓰는 물의 양을 계산해보면 답이 나옵니다.

예를 들어, 한 달 수도요금 고지서를 보면, 수도요금과 물 사용량이 'm³'라는 단위로 적혀 나오는 것을 볼 수 있을 것입니다. 이를 한 달 30일로 나누고, 식구 수로 나누면 한 사람 당 하루 물 사용량이 나오게 됩니다(이때, 1m³ = 1,000리터). 그런데 조금만 신경 써서 살펴보면, 이 수치는 대부분 정부가 발표하는 수치보다 작다는 것을 발견하게 될 것입니다. 이 간단한 수치만 살펴봐도 무엇이 문제인지 잘 알 수 있을 것입니다.

그런데 우리나라 사람들이 빗물에 대해 가장 크게 오해하고 편견을 갖고 있는 것이 있습니다. 바로 산성비에 관한 것이지요. 가장 크게 알려져, 이젠 상식처럼 받아들여지고 있는 것은, 비를 맞으면 머리카락이 빠진다는 것입니다. 산성비 때문에 동상이 부식한다는 이야기도 들어봤을 것입니다. 산성비에 관한 내용은 우리나라 초등학교 교과서에도 실려 있습니다. 물론 산성비를 맞으면 좋지 않다는, 부정적인 방향의 내용입니다. 하지만 이는 잘못돼도 크게 잘못된 오해이며 편견입니다. 결론부터 말하자면, 비에 산성이 포함되어 있지만, 전혀 몸에 해로울 정도가 아닙니다. 산성비에 관한 이야기는 다음 장에 상세히 소개하겠습니다.

수치화 하기는 어렵지만 우리나라의 물맹률은 매우 높은 편입니다. 하지만 물에 관해 많이 알지 못하는 문제는 단지 우리나라에만 국한된 것이 아닙니다. 물 관리는 전문가에 의해서만 이루어져 왔기 때문입니다. 그런데 요즘 들어 이러한 문제점을 극복하기 위한 대안으로서 종합적인 물 관리 방향이 제시되고 있습니다. 물 문제를 전문가만이 아니라, 물이 흐르는 지역 주민까지 다 함께 참여하자는 흐름입니다. 이는 분명 패러다임의 전환입니다. 2000년에 헤이그에서 열린 '제2차 세계 물 포럼'에서 논의된 것으로 주요 논의 내용은 물을 모든 사람의 관심사로 만들기(Making water everybody's business)였습니다. 이는 바로 '물맹'을 퇴치하자는 세계적인 약속입니다. 우리나라 역시 이런 약속이 지켜지면 좋겠습니다. 요컨대 우리의 환경 · 개발 · 산업

및 교육정책 면에서 물에 관한 무지를 해소하고, 물 관리 문제에 지역 주민의 참여를 이끌어 내야 할 것입니다. 왜냐하면 물은 남이 아닌, 바로 내가 날마다 쓰는 것이기 때문입니다.

💧 산성비 때문에 대머리 된 사람을 찾습니다

현재 내리는 빗물은 앞서 제시했던 간단한 과학적인 방법을 근거로 생각해본다면 문제될 일이 없습니다. 따라서 빗물은 재앙이 아니라 오히려 하늘의 선물이며 축복입니다.

비가 옵니다. 반가운 비가 오면 저는 창문을 열고 빗물을 손에 받아먹습니다. 어떻게 빗물을 받아 바로 먹을 수 있냐고요? 앞서 얘기한 것처럼, 빗물은 세상에서 가장 깨끗한 증류수이기 때문입니다.

그런데 창밖을 쳐다보니, 빗속을 부리나케 뛰어가는 사람들이 보입니다. 그 가운데 가장 열심히 뛰어가는 사람들은 남들에 비해 유난히 머리숱이 적은 사람들입니다. 그들에게 '왜 그렇게 열심히 뛰어가는 것입니까'라고 물어보면, 열에 아홉은 아마 '별 이상한 사람 다 보겠다'는 표정을 지으며 이렇게 대답할 것입니다. "당연한 일 아닌가요? 산성비를 맞으면 그나마 남아 있는 머리카락이 다 빠져버릴 테니까요."

많은 사람들의 생각이 이와 다르지 않을 것입니다. 모두들 비는 내리자마자 바로 버려야 할 오염물질쯤으로 생각합니다. 그런 사람들에게, 제가 빗물로 차를 끓여 마신다고 하면 아마 이맛살을 찌푸릴 것입니다.

정직하게 말하자면, 빗물이 산성인 것은 맞습니다. 깨끗한 빗물의 산성도(pH)는 5.6이며, 지구에 내리는 비치고 산성이 아닌 것은 드물지요. 만약 비가 내리는 지역에 대기오염 물질이 있으면 산성도(pH)가 더욱 강해져서 pH 3~4까지 내려갈 수도 있습니다(산성도는 그 수치가 낮을수록 강한 것임). 하지만 이것도 비가 내린 뒤 약 20분 정도 지나면 산성도는 훨씬 약해집니다.

성급하신 분들은 이렇게 반문할 것입니다. 어쨌든 빗물이 산성인 것이 맞지 않느냐고 말입니다. 하지만 그 산성도가 과연 얼마나 위험한 것인지 다른 품목과 비교해서 말씀드리면 생각이 달라질 것입니다.

우리가 일상에서 접하는 액체들의 산성도는 빗물보다 수십에서 수백 배 높습니다. 대표적인 탄산음료인 콜라는 2.5이며, 날마다 머리 감을 때 사용하는 샴푸와 린스는 3.5입니다. 특히 어린 아이들이 즐겨 마시는 요구르트는 3.4이며 주스는 3.0입니다(그렇다면 빗물에 비해 산성도가 겨우 2~3 단위밖에 차이 나지 않느냐고 반문하는 사람도 있을 것입니다. 이때, 수치에서는 겨우 두 세 끝 차이지만 실제 산성도는 수십 배의 차이를 보입니다). 아이들에게 날마다 주스와 요구르트를 주면서 산성을 걱정하는 부모는 아무도 없을 것입니다. 그런데 유독 음료수보다 훨씬 산성도가 약한 빗물에 대해서는 두려워하고 기피하는 것은 왜 일까요? 제대로 모르기 때문입니다.

빗물의 산성이 얼마나 위험한지 서울대학교 빗물연구센터에서 분석을 해봤습니다. 지붕에서 홈통을 타고 내려오는 빗물을 받아 pH를 측정해 보았습니다. 그러자 지붕면을 통과하는 짧은 시간 동안 pH가

7~8.5 정도의 알칼리성으로 변한 것을 알 수 있었습니다. 이 수치는 건강에 아무런 문제가 없을 뿐만 아니라, 주스나 요구르트, 샴푸와 린 스보다 안전한 것입니다. 빗물의 산성도가 전혀 문제없을 뿐만 아니라 오히려 샴푸로 감는 것보다 빗물로만 감는 것이 더 깨끗하고 머릿결이 좋아진다는 것은 이미 실험으로 입증되었습니다.(자세한 내용은 부록 참조)

한편 저장조에 모아놓은 빗물을 2~3일 뒤에 pH를 다시 재어보았습니다. 그런데 어느새 7~7.5 사이로 중화되어 있는 것을 발견할 수 있었습니다. 우리가 빗물을 사용한다 할 때, 내리는 빗물을 받아 바로 사용하는 것이 아니라, 일단 모아둔 다음에 사용하기 때문에 전혀 문제가 되지 않습니다. 이 물을 청소할 때 사용하거나, 화장실 물로 또는 꽃밭에 주는 물로 사용한다면 수도요금을 훨씬 절약할 수 있을 것입니다. 만약 마시고 싶은데 안심이 안 된다면 끓여 마시는 방법도 있습니다.

비는 지구에 처음부터 내렸고, 우리나라 뿐 아니라, 세계 어디서나 내리고 있습니다. 그런데도 왜 유독 우리나라에서만 산성비를 문제 삼고 있는 걸까요? 2005년 여름, 제가 일본 동경에서 열린 국제빗물 포럼에 참석했을 때, 일본의 주부들이 빗물로 차를 끓여 손님들에게 차를 끓여주는 모습을 보았습니다. 한쪽에서는 수동펌프나 페달로 휴대용 정수기를 돌려 비상시에 전기가 없더라도 빗물을 걸러 마실 수 있는 장치를 선보이기도 했습니다.

이처럼 빗물을 받아 바로 마시거나 여러 가지 생활용수로 사용하는 것이 보편화된 나라는 비단 일본뿐만 아닙니다. 많은 나라에서 그

▶ 동경국제빗물포럼 행사, 일본 주부들이 빗물을 이용한 다도(茶道)시범을 보이고 있다.

렇게 하고 있습니다. 특히 대표적인 선진국 가운데 하나인 독일은 일상에서 다양하게 빗물을 이용합니다.

　이제 산성비라는 현상을 너무 심각하게 생각하지도, 두려워하지도 않았으면 좋겠습니다. 만일 문제가 있다면 원인을 찾아 해결하고 현명하게 대처하면 될 일입니다. 물론 현재 내리는 빗물은 앞서 제시했던 간단한 과학적인 방법을 근거로 생각해본다면 문제 될 일이 없습니다. 따라서 빗물은 재앙이 아니라 오히려 하늘의 선물이며 축복입니다.

　만일 산성비 때문에 자신이 대머리가 되었다고 생각하는 사람이 있다면 국가에서 치료비와 위로금을 제공하는 기금을 조성해 지급하는 것은 어떨까요. 일명 '대머리 펀드'가 될 수 있을 것입니다. 다만 이

펀드에 의하여 보상을 받으려면, 본인이 산성비를 맞아 대머리가 되었다는 인과관계를 과학적으로 입증해야 할 것입니다. 기금 조성은 하수처리 비용에 쏟아 붙는 예산의 백분의 일만 적립해도 됩니다.

이젠 비가 올 때 애써 빗속을 달릴 필요가 없습니다. 비를 맞아 감기에 걸릴 수는 있어도 대머리가 될 일은 없기 때문입니다. 만일 산성비와 대머리의 인과관계를 과학적으로 입증하지 못해 '대머리 펀드'의 보상을 받지 못한다 하더라도, 그래도 산성비가 의심이 간다면 그땐 제게 찾아 찾아오십시오. 어떤 산성에도 끄떡없는 아주 튼튼한 가발을 선물해 드리겠습니다.

 여왕의 생수

> 하늘에서 공짜로 공평하게 내려주는 여왕의 생수가 있다는 것을 모른 채 말입니다. 하늘의 입장에서는 얼마나 안타깝고 속상할까요. 그런데도 하늘은 마다하지 않고 귀한 빗물을 내려줍니다.

백설공주 이야기에 나오는 여왕이 요즘 세상에 태어났다면, 그녀 역시 물에 대한 불신이 깊을 것입니다. 그래서 날마다 아침 거울을 들여다보며 세상에서 누가 제일 예쁘냐고 묻는 대신 이렇게 물어볼지도 모릅니다. "거울아, 거울아. 세상에서 가장 깨끗한 물은 무엇이니?"라고 말이지요. 이 '안전염려증'에 걸린 여왕에게 어떤 물을 가져다주면 가장 만족스러워할까요. 외국에서 값비싼 비용을 치르고 수입한 병물일까요? 혹은 깊은 산 속 계곡물? 아니면 얼마 앞서 어느 맥주 광고에서 요란하게 외치던 지하 천연 암반수? 그 중에 어떤 물이 가장 안전하다고 과학적으로 판명이 된다면 여왕은 당장 어떤 대가를 치르더라도 그 물을 구해다 먹을 것입니다. 하지만 여왕처럼 형편이 넉넉지 못한 대다수의 서민들은 어떻게 해야 할지 난감할 것입니다.

빗물이 얼마나 깨끗하고 안전한 물인지, 이번에는 좀 더 과학적인 이야기로 설명을 해보겠습니다. 물의 깨끗함을 표현하는 방법에는 여러 가지가 있는데, 총용존고형물(TDS- Total Dissolved Solids)도 그 가운데 하나입니다. 이는 물속에 녹아 있는 이물질의 양을 나타내는 지표입니다. 조금 어려운 학술용어로 하면 '총용존고형물'이라고 합니다. 이는 여과한 물 1리터를 증발시켰을 때 남는 이물질의 양을 밀리그램으로 나타낸 값입니다.

예를 들어 설명해 보겠습니다. 여기 물과 컵과 설탕이 있습니다. 컵에 물 1리터를 담고 거기에 설탕 0.5그램을 넣어 증발시켜 보겠습니다. 잠시 뒤 남는 설탕의 양은 0.5그램이 될 것입니다. 이때의 총용존고형물(TDS)은 500밀리그램/리터(ppm)가 됩니다.

그렇다면 우리 주위에서 구체적으로 살펴볼 수 있는 물의 총용존고형물(TDS)과 그 안전성에 대해 얘기하겠습니다. 우리나라의 음용수 수질기준은 TDS 500mg/L(ppm) 이하로 되어 있는데, 세계보건기구(WHO)의 음용수 수질 기준에는 그 수치를 정확히 규정해놓고 있지 않습니다.

그런데 유럽 지역의 지하수를 주전자에 넣고 끓여보면 석회석이 남는 것을 볼 수 있습니다. 물에 대한 우리나라 사람들의 상식으로는 어떻게 석회석이 있는 물을 마실 수 있는지 이해하기 힘들 것입니다.

하지만 유럽 사람들은 이 물을 아무렇지도 않게 마실 뿐만 아니라 건강에 아무런 문제가 없습니다. 왜 그럴까요? 그들은 그런 물을 수천, 수백 년 동안 마셔왔기 때문입니다. 그래서 오히려 TDS가 적은 물을 마시면 탈이 납니다. 따라서 유럽에서는 당연히 TDS가 높은 생수가 오히려 더 잘 팔립니다. 대부분 시중에서 파는 생수에는 라벨에 TDS 수치를 표시하고 있을 정도입니다.

알프스 산에서 만든 유명한 생수의 TDS는 300ppm 이상입니다. 그런데 우리나라의 어떤 생수는 30ppm 정도에 불과합니다. 역시 예로부터 우리나라는 산 좋고 물 맑기로 유명합니다. 세계에서 우리나라만큼 물이 깨끗한 나라는 별로 없습니다.

그렇다면 우리나라 수돗물의 TDS는 얼마나 될까요. 그 수치는 물을 어디서 뜨는가에 따라 다르지만 대개 50~250ppm 정도입니다. 여러분은 어리둥절할 것입니다. 우리나라가 물이 맑기로 유명하다면서 이 정도면 유럽과 별반 차이가 없어 보이기 때문입니다. 그 까닭은 바로 수돗물을 정수하는 과정에서 넣는 화학약품이 녹아 들어가기 때문입니다.

그럼 수도꼭지에 붙여서 사용하는 정수기에서 나오는 물은 어떨까요. 정수기에 따라 TDS를 제거하는 제품도 있고, 제거하지 않는 제품도 있지만, 그 수치는 원료인 수돗물과 그다지 큰 차이가 없습니다. 약간 적은 정도입니다.

물론 수돗물이 처음 시작되는 곳에서 물을 떠 검사해보면 이보다 훨씬 TDS 수치가 낮게 나올 것입니다. 그렇다면 강의 상류와 하류를 비교해보면 당연히 하류의 수치가 상류보다 높게 나올 것입니다. 하류로 내려갈수록 물속에 여러 가지 오염물질이 섞일 가능성이 많아지기 때문입니다. 상류로 거슬러 올라가 깊은 산 속 계곡물을 검사해보면 훨씬 낮은 수치를 보일 것입니다. 빗물이 산을 흘러 내려오면서 이런 저런 물질들을 만나겠지만 자연으로부터 녹아들어갈 이물질은 그다지 많지 않기 때문입니다. 따라서 지극히 상식으로 생각해 봤을 때, 땅에 떨어지기 전의 빗물에 TDS가 가장 낮다는 것을 유추할 수 있을 것입니다.

물론 비가 오면 공기 속에 있는 오염물질인 황이나 질소 산화물과 같은 것이 녹아들어갈 수 있습니다. 공기오염에 의해 생긴 분진이나 황사 같은 입자 물질도 있지만 이들은 쉽게 걸러집니다. 만일 걸러지지 않은 물질이 있다 해도 이 양은 매우 낮아서 TDS는 10~20ppm 정도에 불과합니다.

그런데 이보다 TDS가 더 낮은 물이 있습니다. 그것은 바로, 비가 와서 공기 속 오염물질이 씻겨 나간 뒤의 빗물입니다. 비가 오고 약 20분 안에 빗물 속의 오염물질은 다 씻겨 내려갑니다. 그래서 그 뒤의 빗물은 증류수나 다름없습니다. 이 물을 이용하고자 한다면, 빗물을 모으는 부분 즉 집수면을 깨끗하게 관리하는 일이 중요합니다. 만일 흙탕물 같은 것이 섞였다 해도 걱정할 것이 없습니다. 잘 침전시켜 분리한다면 그 속에 녹아 있는 부유물은 거의 다 없어지기 때문입니다. 침전은 자연의 힘인 중력을 이용하여 분리하는 것이므로 정수 처리하는데 전혀 비용이 들지 않습니다. 빗물을 저장할 때는 햇빛을 막고 약간의 주의를 기울여 관리한다면 5~6개월 정도 저장해도 아무 문제가 없습니다. 실제로 도시에서 멀리 떨어진 지역에서는 오랫동안 이런 방법으로 빗물을 받아 이용해 왔습니다. 물론 아무 문제는 생기지 않았습니다. 그러므로 빗물을 이용하는 일은, 여왕님과 같은 극히 일부분의 사람이 할 수 있는 남의 일이 아닙니다. 여러분도 충분히 실천 가능한 일입니다.

자, 이제 안전염려증에 걸린 여왕의 질문에 거울이 대답을 들려줄 차례입니다. "여왕님, 세상에서 가장 깨끗한 물은 바로 빗물입니다" 라고 말입니다. 비는 여왕에게나 일반 시민에게나 빈부와 귀천을 가리지 않고 골고루 내립니다. 그런데도 사람들은 마치 여왕처럼 부자가 아니기 때문에 귀한 생수를 마시지 못하고 사는 것으로 생각합니다. 하늘에서 공짜로 공평하게 내려주는 여왕의 생수가 있다는 것을 모른 채 말입니다. 하늘의 입장에서는 얼마나 안타깝고 속상할까요. 그런데도 하늘은 마다하지 않고 귀한 빗물을 내려줍니다.

대기오염 = 수질오염

> 대기기준의 단위는 마이크로그램/m^3이고 수질기준의 단위는 mg/L인데, 이때 1,000마이크로그램 = 1mg이고 1m^3 = 1,000L입니다.

거울이 가르쳐준 대로 의심 많은 여왕에게 신하가 빗물을 가져다줍니다. 하지만 이것으로 여왕의 까탈을 바로 멈추게 할 수 있을까요? 여왕은 아마 또 이렇게 불평을 할지 모릅니다. "그래, 이제 빗물이 가장 깨끗하고 안전하다는 거 알겠어. 빗물의 산성도 위험하지 않다는 거 이해해. 하지만 난 빗물 자체보다 대기오염을 믿지 못하겠어. 빗물이 아무리 깨끗하다 해도 이렇게 대기오염이 심한데 내리는 빗물이 안전하다는 걸 어떻게 믿겠냐."라고 말할 것입니다.

　이런 까탈스러움은 비단 여왕만의 것은 아닐 것입니다. 대부분 사람들의 생각이 이와 다르지 않을 것입니다. 평소 산성비는 물론 황사비에 대한 걱정 때문입니다. 사실 황사비란 말은 사전에도 없는 말입니다. 황사가 섞인 비를 편의상 이렇게 부르는 것입니다. 만일 그렇다면 탄광지역에 내리는 비는 '석탄비'라 부르고 공단지역에 내리는 비는 '화학비'라고 불러야 할까요?

　이러한 오해는 대기오염과 수질오염의 차이를 이해하지 못한 데서 비롯됩니다. 어떤 물질이 오염된 대기에 노출되었기 때문에 수질오염의 관점에서도 마찬가지로 위험할 거라는 생각은 틀린 것입니다. 이는 마치 피부가 검기 때문에 마음까지 검을 거라는 생각과 다르지 않습니다. 다시 말하자면, 공기 속에 있는 오염물질이 그 둘레에 존재

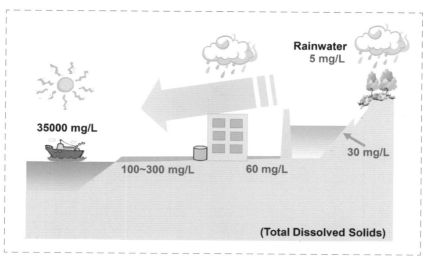

〈자연계의 물 순환과 이물질의 양〉

하는 물을 오염시키지는 않는다는 얘기입니다. 사람의 호흡기에 영향을 미치는 물질은 비교적 점막이 약한 코로 직접 들어오지만 마시는 물은 정수처리를 하여 공급하기 때문에 많은 차이가 있습니다.

쉬운 예를 하나 들어보겠습니다. 여러분이 방 안에 있을 때 옆에서 어머니나 아내가 김치를 담그기 위해 고춧가루를 그릇에 붓습니다. 이때 공기에 고춧가루가 조금 날리면 여러분은 재채기를 하겠지요. 그런데 여러분의 코에 자극을 준 분량만큼의 고춧가루를 물에 타면 아무 맛도 느끼지 못하고 인체에 어떤 영향도 주지 않을 것입니다.

대기오염과 수질오염의 관계는 이와 같습니다. 대기오염과 수질오염의 기준을 나타내는 단위를 보면 더 쉽게 이해가 될 것입니다. 대기기준의 단위는 마이크로그램/m^3이고 수질기준의 단위는 mg/L인데, 이때 1,000마이크로그램 = 1mg이고 1m^3 = 1,000L입니다. 이제 이해가 되나요? 아니, 오히려 더 어렵다고요? 이를 다시 풀어서 얘기하자면 이렇습니다. 즉 같은 물질이라도 대기오염이 기준치의 백만 배를 넘어야 비로소 수질기준에 문제가 되는 것입니다. 하지만 아무리 대기오염이 극심하다 해도 기준치의 백만 배를 넘기란 사실상 불가능한 일입니다.

그래도 안심되지 않는 사람들은 또 이렇게 반문할지 모릅니다. 황사가 심한 날에 보면 차 유리창이 보이지 않을 정도로 노랗게 황사로 뒤덮이는데, 과연 이것이 수질오염에 영향을 미치지 않겠냐고 말이지요. 하지만 앞서 지적했던 것처럼, 황사는 입자상 물질이기 때문에 자연적인 침전에 의해 쉽게 분리됩니다. 황사 먼지가 자동차 표면에 남는 것만 보아도 황사가 물에서 쉽게 분리된다는 것을 알 수 있습니다.

또한 황사 경보가 발령됐을 때 입자 농도의 단위가 마이크로그램/m^3로서, 수질 기준의 안전에서 본다면 아무 것도 아닙니다. 굳이 이런 단위를 들먹이지 않더라도, 여름철 홍수 때 넘쳐나는 흙탕물을 생각해 보십시오. 우리나라의 상수도 기술은 꽤 훌륭해서 강물을 정수 처리할 때 황사보다 백만 배 혹은 천만 배가 넘는 흙탕물도 문제없이 처리해 공급합니다.

대기오염 물질 가운데 하나인 황화물과 질산화물의 기준 역시 수질오염 기준 수치보다 훨씬 작습니다. 수질오염 기준에서는 이러한 물질을 따로 정하지 않고, 음이온과 양이온을 합친 값인 총용존물질을 이용하는데, 이때의 수치기준도 500mg/L로서, 대기오염 수치 기준의 백만 배 또는 천만 배가 넘는 높은 수치를 이용하고 있습니다. 저마다 무기물질이 몸에 미치는 영향이나 권장량(최소치와 최대치)은 세계보건기구에서 이미 전문가들이 검토하여 음용수의 수질기준을 만들었습니다.

물론 대기오염 물질을 방출해놓고 그것이 수질에 미치는 영향을 따지기에 앞서, 어떤 경우에라도 대기오염을 일으키는 물질을 줄이고 그 안전기준에 맞추는 자세가 더 필요할 것입니다. 하지만 그 이유는 건축물의 부식이나 호흡기 질환을 방지해야 하기 때문인 것인지, 앞서 충분히 설명했듯이 빗물이 오염될까봐 그리 할 필요는 없습니다.

이제 이만하면 의심 많은 여왕의 까탈을 잠재울 수 있을까요? 여러분의 불안과 염려는 사라졌습니까? 그래도 믿지 못하는 사람이 있다면, 안타깝지만 저로서도 어쩔 수 없는 일입니다. 하지만 이 글을 계속 읽다보면 어느 새 불안과 염려가 서서히 걷힐 것입니다.

🌊 빗물오염원은 없다

어쩌면 환경부에서는 빗물에 오염물질이 섞여 발생하는 오염원을 빗물오염원이라고 했다면 무슨 문제가 되겠냐고 할지도 모르겠습니다.

어느 기업이 온갖 비리와 탈세로 사회의 지탄을 받는 일을 가정해 볼까요. 현실에서 이런 일은 비일비재 하니까요. 그런데 각 언론마다 '어느 기업은 비리의 온상'이라고 대서특필 된다면 그 회사에 다니는 사람들의 기분은 어떨지 생각해 봅시다. 자칫 그 회사에 몸담고 있다는 이유로 사원들까지 모두 문제 있는 사람들로 보여 무척 억울할 것입니다. 자신들은 회사의 비리는 전혀 모른 채 하루하루 성실히 일만 했는데 도매금으로 순식간에 파렴치한 사람들이 되어버렸으니 말입니다.

이런 이야기를 꺼내는 것은, 빗물의 억울함을 하소연하기 위해서입니다. 몇 해 앞서 환경부에서는 '빗물오염원'이란, 세계 어디에도 없는 말을 처음으로 만들었습니다. 아마 '비점오염원'을 이렇게 표현했나 봅니다. 비점(非點)오염원이란, 비가 올 때 찻길이나 논밭에 있던 오염물질이 빗물에 씻겨 하천으로 흐르는 물을 일컫는 말입니다. 환경부에서는 이 비점오염원을 방지하기 위해 막대한 비용을 들여 하천수질을 좋게 만들겠다고 합니다. 아마 빗물을 관리해 하천수질을 개선하고자한 모양입니다. 과거 수년 동안 수조 원을 쏟아 붓고도 하천수질을 개선하지 못했는데, 새삼 그 까닭을 빗물 탓으로 돌린 것입니다.

어찌되었든 하천수질을 개선하겠다는 그 의도는 좋습니다만, 단어

선택에서 조금 문제가 있어 보입니다. 빗물오염원이란 말을 들으면 어떤 생각부터 떠올리게 될까요? 대번에 '빗물=오염원'이란 오해가 생길 가능성이 매우 높습니다. 어쩌면 환경부에서는 빗물에 오염물질이 섞여 발생하는 오염원을 빗물오염원이라고 했기로서니 무슨 문제가 되겠냐고 할지도 모르겠습니다. 하지만 이런 말을 만들어 사용하고 알릴 때는 좀 더 정확한 인식과 연구를 통해서 해야 할 것입니다.

일 년 동안 우리나라에 떨어지는 빗물의 양은 약 1,290억 톤 가량 됩니다. 그렇다면 이 빗물이 땅에 떨어져 섞이는 오염물질의 양은 얼마나 될까요? 그 양이 만일 13만 톤이라고 가정해도 100만 분의 1밖에 되지 않습니다. 그 적은 양의 오염물질 때문에 빗물 전체를 오염원이라고 하는 것은 매우 부적절한 발상입니다.

비점오염원이 그렇게 걱정된다면 사전에 도로 청소를 깨끗하게

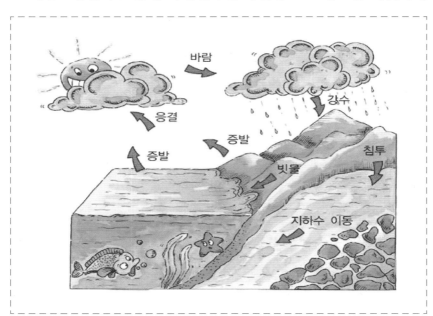

하거나 오염 원인이 되는 물질을 미리 막는 다른 방법을 구하면 대부분 막을 수 있을 것입니다. 그처럼 쉬운 방법을 두고 빗물 처리와 같은 고비용이 요구되는 일을 추진하는 것은 호미로 막을 일을 가래로 막는 것과 다름이 없습니다.

정부에서 사용하는, 빗물에 관한 잘못된 말 가운데 또 다른 것이 있습니다. 바로 '빗물 재이용'이란 말입니다. 이는 이치에 맞지 않는 말입니다. 하수 재이용이란 말은 성립됩니다. 더러운 하수를 처리하여 다시 사용하는 것이니까요. 빗물과 하수는 본바탕에서 살펴볼 때는 같을지 모르지만 그 수질 차이는 그야말로 하늘과 땅 차이만큼이나 먼 것입니다. 원래는 깨끗했던 빗물이 땅에 떨어져 오염물질과 섞인 뒤 하수가 되는 것이니까요. 그러므로 하수는 정수 처리한 뒤 재이용한다는 것이 가능하고 그 말 역시 성립하지만, 원래 깨끗했던 빗물을 모두 내버려 더러워진 뒤에 다시 처리해서 '재이용'하겠다는 것은 말이 되지 않습니다.

빗물은 더러울 것이라는 막연한 선입견 때문에 한 해 동안 우리나라에 떨어지는 1,290억 톤이라는 무공해 수자원이 모두 더러운 하수가 되어버리는 것입니다. 그리고 이것이 바로 우리나라의 모든 물 문제 즉 물 부족, 홍수, 수질오염, 에너지 과다 사용 등을 불러오게 됩니다.

빗물 이용은 빗물이 더러워지기 전에 받아서 사용하자는 것이고, 빗물 '재이용'은 더러워진 빗물을 정수 처리한 다음에 사용하겠다는 것입니다. 그런데 이때 더러워지기 이전의 빗물을 이용하는 데는 거의 돈이 들지 않습니다. 경우에 따라서는 전혀 돈이 들지 않지요. 처리를 할 필요가 없으니까요. 하지만 빗물을 재이용하기 위해서는 엄청난 처리 비용이 들어갑니다. 그런데도 굳이 빗물을 '재이용'하려는 사람들의 의도는 무엇일까요? 빗물이 깨끗하다는 사실을 몰라서일 수도 있고 알면서도 일부러 규모가 큰 시설을 만들어 비싼 비용에 공급하려는 의도가 있을 수도 있을 것입니다. 그 판단은 독자 여러분의 몫으로 남기겠습니다.

2장

빗물, 왜 관리해야 하는가

세상이 갈수록 변해갑니다.특히 기후변화는 그 흐름을 가늠조차 할 수 없습니다. 지구촌 곳곳에서 홍수와 가뭄과 수질오염이 일어나고 있습니다. 까닭은 무엇이고 또 대책은 무엇일까요. 더욱 크고 빈번해진 자연재해 앞에서 사람들은 어떻게 해야 지속가능한 삶을 살 수 있을까요. 이러한 시대에 빗물을 이용한다는 것은 어떤 효과를 가져올까요.
이 장에서는 우리가 빗물을 관리해야 하는 이유에 관해 다루고 있습니다.

☔ 빗물을 관리해야 하는 몇 가지 이유

> 빗물 관리를 해야 하는 또 다른 이유는 하천의 건천화, 즉 강물이 말라가는 문제 때문입니다. 농촌 지역은 조금 덜하지만, 도시 하천의 경우 어디나 할 것 없이 메말라가고 있습니다.

앞서 살펴보았듯이 물맹을 없애는 일이 얼마나 중요하며, 따라서 물이 얼마나 소중한 것인지 알게 되셨을 것입니다. 이처럼 소중한 물을 평소 어떻게 관리하느냐에 따라 우리의 삶의 질이 결정됩니다. 특히 빗물 관리를 효과적으로 해야 자연재해로 인한 피해를 줄일 수 있습니다.

우리나라의 경우 홍수 문제가 아주 심각합니다. 여러분 모두 언론을 통해 또는 직접 경험이나 관찰을 통해, 해마다 여름철이면 집중호우가 쏟아져 산사태가 일어나고 길이 무너지고 많은 집들이 물에 잠기는 것을 보셨을 것입니다. 특히 강원도 산간지방이 이러한 집중호우의 대상이 되곤 합니다. 이처럼 일부 지역에 집중적으로 내리는 비를 '게릴라성 폭우'라고 합니다. 마치 소수의 병력이 침투하여 짧은 시간에 많은 피해를 주는 게릴라의 전략과 같다고 하여 그렇게 부르는 것입니다. 동서고금을 막론하고 게릴라전은 그 대상이 되는 쪽에 많은 피해를 줍니다. 비록 적은 인원이라 할지라도 후방을 교란시켜 큰 타격을 주기 때문입니다.

이렇듯 집중호우로 인한 피해를 방지하고 또 복구하기 위해 정부는 해마다 많은 예산을 쏟아 붙고 있지만 속 시원한 근본적인 해결책

▶ 스위스에서 발생한 홍수 모습

은 나오지 않은 채, 극심한 홍수피해를 당하고 있습니다. 그저 연례행사처럼 피해 집계와 보상을 하고, 시민들은 모금하는 일을 반복할 뿐이지요.

한편 도시라고 해서 홍수피해의 예외가 되지는 않습니다. 도시가 발달하고 인구가 집중되면서 도심 거리는 어디나 할 것 없이 온통 콘크리트 건물과 포장된 도로뿐입니다. 풀 한포기 자라거나 흙 한줌 날리는 땅을 발견하기가 힘든 것이 우리나라 도시의 모습입니다. 그로 인한 문제점 가운데 하나가 도시의 홍수피해입니다. 폭우가 쏟아질 경우 그 빗물이 포장도로 밑으로 스며들지 못하고 하천이 감당할 수 없을 정도로 흘러넘쳐 홍수피해를 가중시키게 되는 것입니다.

폭우로 인한 홍수피해를 입는 것은, 한꺼번에 많은 비가 내려 그 지역에서 감당할 수 있는 용량을 넘기 때문입니다. 그러면 그 용량을 충분히 감당할 수 있을 정도로 빗물처리 시설의 용량을 키우면 된다는 답이 나올 수가 있습니다. 그런데 어느 장소에 얼마나 키우면 될까요? 게릴라성 폭우는 어디에나 올 수 있기 때문에 모든 국토에서 대비를 해야할 것입니다. 하지만 모든 국토에 골고루 댐이나 빗물 펌프장을 만든다는 것은 시간이나 비용면에서 거의 불가능한 일에 가깝습니다.

지금까지 우리는 홍수에 대비하기 위해 대규모의 댐이나 빗물 펌프장에 의존해 왔습니다. 하지만 비가 와서 이미 꽉 차 있는 댐은 더이상 댐 구실을 하지 못합니다. 오히려 비가 많이 오면 넘쳐서 터질까봐 물을 빼내기에 바쁘지요. 이 경우 하류 지역 주민들은 엎친 데 덮친 격으로 더욱 큰 피해를 보게 됩니다. 빗물 펌프장 역시 처음에 예상한 설계빈도 이상으로 비가 오면 그 피해는 오히려 커지기만 합니다. 그렇다면 무엇이 홍수를 다스리는데 가장 효과 있는 방법일까요?

빗물 관리를 잘 해야 하는 또 하나의 이유는 가뭄입니다. 지난 2001년 우리나라는 극심한 가뭄을 겪은 일이 있습니다. 100년 만에 찾아온 대형 가뭄이라고 했지요. 농촌 산간 지역은 가뭄 때문에 농사에 큰 피해를 입었습니다. 물이 귀한 도서 연안지역은 식수를 구하기 어려워 목이 타들어 갔습니다. 2008년 여름에는 유난히 비가 적게 온데다 가을 가뭄까지 겹쳤습니다. 그 결과 낙동강 수계 댐의 경우 저수량이 크게 줄어 그 하류지역인 부산·경남 지역은 갈수기의 식수원 수질관리에 비상이 걸렸다고 합니다. 특히 가뜩이나 물이 부족한 도서 산간지역에는 제한 급수 현상마저 빚어졌습니다. 하지만 우리나라의 가뭄은 앞으로 더욱 심해질 것이라고 합니다. 그렇다면 가뭄으로 인한 피해를 줄이기 위한 가장 효과적인 빗물 관리는 무엇일까요?

빗물 관리를 해야 하는 또 다른 이유는 하천의 건천화, 즉 강물이 말라가는 문제 때문입니다. 농촌 지역은 조금 덜하지만, 도시 하천의 경우 어디나 할 것 없이 메말라가고 있습니다. 대표적인 도심 하천인 관악구의 도림천은 여름 장마철을 제외하고는 일 년 내내 거의 물이 흐르지 않습니다. 다른 지역의 하천도 도림천과 별반 다르지 않습니다.

하천이 메말랐다는 것은 하천으로 흘러가는 물이 말랐다는 것을 뜻합니다. 그 원인이 무엇일까요. 지하수가 말라버렸기 때문입니다. 앞서 지적했던 것처럼, 빗물이 땅 속 깊이 침투하지 못해 지하수가 충분히 확보되지 못하기도 하거니와, 기왕에 침투된 지하수마저 무분별하게 뽑아 쓰기 때문입니다. 이처럼 지하수가 심각하게 메말라가는 하천을 살리기 위한 방법은 무엇일까요?

한편 수량이 풍부한 하천이라 해도 또 다른 골칫거리를 안고 있습니다. 바로 수질오염 문제입니다. 하천 수질이 오염되는 이유 가운데 하나는 비가 올 때 도로나 논밭에서 빗물에 씻겨 내려가는 오염물질 때문입니다. 이를 비점오염원이라고 합니다. 또 다른 원인으로는, 우리나라의 합류식 하수관 때문이기도 합니다. 즉 하수를 밖으로 내보낼 때, 빗물을 오염된 물과 함께 하수관으로 흐르게 하는 것입니다. 그렇게 오염된 물이 바로 하천이나 바다로 흘러가는 것입니다.

이렇듯 홍수와 가뭄, 하천의 건천화와 오염 문제 등 우리가 빗물을 관리해야 하는 이유와 필요성이 충분해졌습니다. 이제 지금까지 던져놓은 질문들에 대해, 빗물로 이 문제들을 어떻게 해결할 수 있는지 하나씩 천천히 살펴보도록 하겠습니다.

💧 대한민국은 물 관리 부족 국가

> 컵 안에 물이 절반 담겨 있을 때 '이제 절반밖에 남지 않았다'라고 생각하는 것과 '아직 절반이나 남았다'고 바라보는 것은 생각 차이에 그치는 것뿐만 아니라 삶의 방향과 태도를 결정합니다.

'한국은 UN이 정한 물 부족 국가이다.' 어른 아이 할 것 없이 누구나 이런 말을 들어봤을 것입니다. 여러 언론에서도 이렇게 말하고, 학교에서도 그렇게 가르치며, 집에서 주부들도 식구에게 이렇게 말하며 물을 아껴 쓰라고 잔소리를 합니다. 그래서 모두들 물을 펑펑 쓰면서도 내심 '이렇게 물을 낭비하면 안 되는데…'라는 죄책감 비슷한 것을 갖게 됩니다.

하지만 주변을 한 번 둘러봅시다. 도시에 사는 사람 누구 하나 물 때문에 불편을 겪지 않습니다. 아무리 가뭄이 들어도 수도꼭지만 틀면 물이 얼마든지 나옵니다. 그리고 여름철 지루한 장마 기간 동안 날마다 지겹게 비가 내리고, 그 물이 흘러넘쳐 홍수가 나는 것을 보며 과연 우리나라가 물 부족 국가인가 한번 쯤 의심해 본 사람도 있을 것입니다. 정보와 실제가 따로 놀고 있는 셈인 것입니다.

도대체 우리나라가 물 부족 국가라는 말은 어디서 흘러나온 것일까요? 이는 미국의 한 사설 인구연구소(PAI, Population Action Institute)에서 인구 폭발을 경고하기 위해 사용한 것으로 '인구 증가에 따라 줄어드는 1인당 이용 가능한 물, 국토, 에너지량 등'을 표시한 지표입니다. 즉 인구가 폭증하는 제3세계의 문제점을 지적하기 위해 만든 지표를 인구가 안정되거나 줄어드는 추세를 보이고 있는 우리나라에 적용한 것이지요. 오히려 2006년에 유네스코(UNESCO) 등 유엔 기구들이 발표한 각 나라의 물 빈곤지수(WPI, World Poverty Index)에 따르면, 우리나라의 물 사정은 147개 국가 가운데 43위로 비교적 좋은 편입니다.

우리나라보다 훨씬 물이 부족한 나라도 별 문제 없이 잘 살고 있습니다. 우리나라의 물 사정과 비교한다면 그 나라들에서는 물을 아껴 쓰기 위해 엄청난 엄살과 호들갑을 떨어야 할 텐데 전혀 그렇지 않습니다.

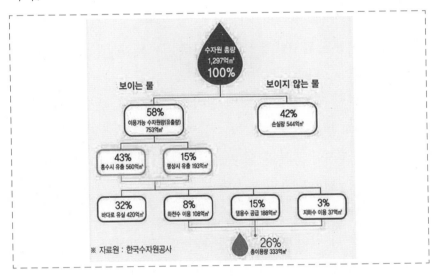

그런데 우리나라 정부는 우리나라는 물 부족 국가이니 이 문제를 해결하기 위해서 많은 예산이 필요하다며 더 많은 돈을 요구하고 있습니다. 이는 마치 여기저기 불필요한 곳에 돈을 낭비하면서 돈이 없다며 부모에게 손을 내미는 철없는 자식들의 모습을 보는 것 같습니다.

그렇다면 정부가 주장하는 우리나라의 물 부족 양은 얼마나 되는지 살펴보겠습니다. 건설교통부의 통계자료를 보면, 일 년 동안 우리나라에 떨어지는 빗물의 총량은 1,276톤입니다. 이 중에서 545억 톤은 대기로 증발해버리고, 나머지 731억 톤은 땅으로 스며들어 지하수가 되거나 강과 바다로 흘러갑니다. 이를 다시 나눠보면, 바다로 흘러가는 양이 약 400억 톤이고, 댐 물, 강물을 비롯해 지하수 등 우리가 이용하는 수자원의 양은 약 331억 톤 정도 됩니다.

그런데 앞으로 인구와 물 사용량을 과학적인 근거와 통계학을 이용하여 추정한 값을 보면, 앞으로 30년 뒤에는 약 30억 톤 가량의 물이 부족할 것이라고 합니다. 사용할 수 있는 수자원 331억 톤에서 30억 톤이라는 양은 엄청난 숫자입니다. 생각해 보십시오. 30억 톤이라니요!

하지만 다시 생각을 바꿔보면 떨어지는 빗물의 총 양인 1,276억 톤과 비교해보면 30억 톤은 고작 2퍼센트에 지나지 않습니다. 증발해서 날아가는 545억 톤의 물 일부를 날라 가지 못하게 덮어두거나, 바다로 흘러가는 400억 톤의 물 일부를 가둔다면 30억 톤 정도는 차고 넘치게 확보할 수 있을 것입니다.

이를 다시 한 집의 예로 들어볼까요. 이 집 가장의 연봉은 1,276만 원인데, 이 빠듯한 수입에 기대 살아야 하는 집에서 대부분의 수입을 엉뚱한 곳에 다 써버리고 331만 원을 가지고 집안 살림을 꾸려가야 한다면 늘 적자에 시달리겠지요. 하지만 만일 엉뚱한 곳에 낭비해버렸던 액수를 줄이고 이를 믿을만한 은행에 저축하고 잘 관리한다면 얼마든지 적자를 면할 수 있을 뿐만 아니라, 오히려 흑자로 만들 수도 있을 것입니다.

빗물을 모으고 관리한다는 것은 이와 다르지 않습니다. 물론 이를 현실화하기 위해서는 좀 더 과학적이고 공학적인 지식에 근거한 연구가 필요할 것입니다, 이를 전 국민이 받아들여 실천에 옮기는 지혜 또한 필요할 것입니다.

이제 처음 던졌던 질문인 '우리나라가 과연 물 부족 국가인가?'에 대한 대답을 해보겠습니다. 우리나라는 물 부족 국가가 아니라 물 관리를 잘 못하는 나라라고 해야 맞습니다.

우리나라가 물 부족 국가인줄 알고 괜히 주눅이 들었다면, 이는 마치 다른 사람의 말 한마디에 정말 자신이 능력 없는 사람인 줄 알고 자신의 능력을 제대로 발휘하지 못하는 사람과 다름이 없습니다. 그런 사람의 앞날에는 희망이 없을 것입니다. 이와 마찬가지로, 남의 나라 사설연구소의 말 한마디에 정말로 그런 줄 알고 이야기 하는 정부에는 패러다임을 바꿔 생각해보는 비전을 품을 여지가 없습니다.

컵 안에 물이 절반 담겨 있을 때 '이제 절반밖에 남지 않았다'라고 생각하는 것과 '아직 절반이나 남았다'고 바라보는 것은 생각 차이에 그치는 것뿐만 아니라 삶의 방향과 태도를 결정합니다. 만일 물 부족 시대가 현실로 닥친다 해도 우리에겐 이런 자세가 필요합니다. 우리에겐 빗물이 있다. 이 빗물을 최대한 활용할 수 있는 지혜가 필요하다. 바로 이런 자세 말입니다.

🌧️ 물 관리, 사후처방보다 예방

우리 사회는 새로운 도전 과제에 슬기롭게 대처해 나갈 준비가 되어 있는지 한 번 체계적으로 검토를 해 볼 필요가 있습니다.

　누구나 건강하게 오래 살기를 소망합니다. 하지만 또 누구나 살면서 병원 신세 한두 번 안진 사람도 없을 것입니다. 특히 현대인들은 잘못된 식습관과 생활방식으로 옛날에는 없던 성인병을 안고 살아갑니다. 그래서 강조되는 것이 평소 질병을 예방하기 위해 자주 건강검진을 받고 적절한 치료를 해야 한다는 것이지요.

　사회 역시 사람 몸과 다르지 않습니다. 사회가 건강하고 안전하게 유지되기 위해서는 평소에 진단을 잘 하고 필요한 조치를 취해야 합니다. 사회의 안전성이 무너지면 막대한 인명과 재산 피해를 불러올 수 있으니까요. 그 가운데 가장 중요한 일은 하루라도 가동이 되지 않으면 시민들이 큰 불편을 겪는 상수와 하수, 방재로 이루어진 물 관리 시스템입니다.

　하지만 21세기 들어 물 관리 시스템의 안전성은 많은 어려움과 도전에 직면해 있습니다. 그 까닭으로는 이상기후로 인해 발생하는 가뭄과 홍수와 같은 자연적인 것들도 있고, 산업화와 도시화에 따라 인구가 늘어나고 그에 따라 상하수량이 늘어나면서 생겨나는 인위적인 요인들도 있습니다. 그 외에 기후협약에 따라 에너지 사용량을 줄일 필요가 생겼고, 물 순환의 건전성을 회복해야 한다는 물 관리 시스템의 안전성을 높여야 하는 여러 가지 당위성들이 생겨났지요.

그렇다면 우리 사회는 과연 이러한 새로운 도전 과제에 슬기롭게 대처해 나갈 준비가 되어 있는지 한 번 체계적으로 검토를 해 볼 필요가 있습니다. 특히 상수와 하수, 방재 등으로 이루어진 물 관리 시스템의 주요 문제를 중심으로 살펴볼까요.

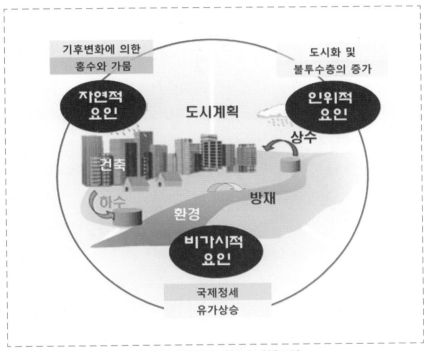

〈물관리 시스템의 안전성 저해요인〉

첫째, 지금 우리나라에서 여러 도시에 물을 공급하는 개념은 댐을 만들어 한꺼번에 공급하는 집중식입니다. 그런데 이 집중식 물 공급은 몇 가지 맹점을 갖고 있지요. 인구가 늘어나면서 수돗물이 더 필요하다거나, 멀리 떨어진 일부 지역을 위해 물을 공급할 때 비용이 많이 든다는 점입니다. 그렇다면 이에 대한 보완책은 무엇일까요. 집중형

이 문제라면 그 반대는 바로 분산형이라 할 수 있습니다. 즉 물이 모자라는 지역에 물을 공급하기 위해서는 그 지역에 떨어진 빗물이나 하수 재이용과 같은 대체 수자원을 공급하면 됩니다.

둘째, 집중형은 수질 처리 부분에서도 비효율성을 보이고 있습니다. 만일 상수원에서 새로 어떤 유해물질이 발견되었을 때, 이를 처리하기 위해서는 고도 정수처리가 필요합니다. 그런데 엄밀히 말해 상수도 물 가운데 마시는 물은 기껏해야 10퍼센트 정도 이내이고, 나머지는 좋은 수질이 필요하지 않는 물입니다. 이때 상수도 공급 방법을 분리하여, 생활용수, 조경용수, 화장실용수 등과 같은 허드렛물에는 질이 좀 떨어진 물을 쓰는 방법도 있습니다. 전체 상수도에서 처리해야 할 용량을 다 키울 필요가 없기 때문에 경제적이고 안전하며 또한 안정적으로 물을 공급할 수 있을 것입니다.

집중형의 세 번째 문제로는 노후화를 들 수 있습니다. 아무리 잘 만든 댐이나 하수처리장이라 해도 100년이나 200년 뒤에는 수명이 다 될 수 있습니다. 그때에는 그 수원에 의존하던 많은 사람에게 물을 어떻게 공급하느냐가 큰 문제가 될 것입니다. 아마 대란이나 폭동이 일어날지도 모릅니다. 혹은 별다른 대안이 없으면 도시를 비우고 사람들이 모두 다른 곳으로 떠나야 할지도 모릅니다.

네 번째는 하수도 처리 문제입니다. 가정에서 나오는 오염원을 보면 서로 그 농도가 다릅니다. 화장실이나 주방에서 나오는 하수는 오염물질을 많이 포함하고 있지만 욕실 등에서 나오는 하수는 그 물을 간단히 처리해서 한 번 더 활용해도 될 만한 물일 수 있습니다. 그런데 지금의 집중형 시스템은 이 물들을 한꺼번에 모아서 하수처리장까지 보내어 처리하는데, 이때 관리나 처리에 비용이 많이 듭니다. 이때 오염이 생긴 곳에서 그 오염정도에 따라 분리해서 처리하는 것이 더 쉽고 경제적일 수 있습니다. 그렇게 되면 하수처리장까지 운반할 필요가 없고 가까운 곳에서 물을 다시 이용할 수 있으니까요. 집중형 하수시스템의 단점이나 한계 역시 이렇게 분산형으로 보완하면 경제적이고 안정적입니다.

다섯 번째 문제로 들 수 있는 것이 방재인데, 사실 이는 가장 시급한 문제입니다. 지금 설치되어 있는 빗물배제 시설은 과거에 내렸던 빗물의 양에 대비하여 설계되어 있습니다. 그런데 만일 기상이변으로 인해 비가 더 많이 오게 되면 기존의 하수도나 하천이 이를 감당하지 못할 수도 있습니다. 이때에는 도시가 침수되어 막대한 인명과 재산 피해를 불러올 수도 있습니다. 더욱 큰 문제는 게릴라성 폭우가 어디에 내릴지 모르기 때문에 도시 전체의 배수 시스템을 키워야 할 텐데 사실상 이는 불가능한 일입니다. 이는 도시 전역이 위험한 일이기도 합니다. 이때에도 역시 빛을 발하는 것은 바로 분산형 빗물 저장시설입니다. 여러 지역에 떨어지는 빗물을 고루 분산된 빗물 저장시설에서 잡아준다면 배수 걱정을 하지 않아도 됩니다.

이렇듯 우리나라의 물 관리 시스템에 대한 도전 과제는 이러한 시설들이 만들어질 당시에는 생각하지 못했던 일입니다. 즉 이는 처음 보는 새로운 병에 노출되어 있다는 것입니다. 새로운 병에는 새로운 처방과 치료가 필요하듯이 우리의 물 관리 시스템은 새로운 패러다임에 의한 새로운 대처방법이 필요합니다.

첫째, 집중형과 분산형 물 관리 시스템을 같이 사용하는 것입니다.

기존의 집중형 시스템 기능을 최대한으로 살리고 나머지 부족한 부분은 분산형으로 보완하게 되면 훨씬 경제적으로 유연하게 대처할 수 있습니다. 예를 들면 기존의 집중형 상수도를 이용하되 부족한 부분은 빗물을 받아 보충하게 되면 언제든 물 부족 문제를 겪지 않을 것입니다.

둘째, 물 관리 시스템은 단지 물이라는 패러다임 안에서만 해결해야 할 문제가 아닙니다. 따라서 과거의 전통적인 물 관리 분야만의 독자적인 연구에서 벗어나 관련된 인접 학문 분야의 기술을 종합적으로 검토할 필요가 있습니다. 즉 직접 관련 학문 분야인 상하수도를 비롯해 수리, 수문, 생태, 환경뿐만이 아니라 지리정보시스템(GIS), 건축, 도시계획 전문가들은 물론 시민들도 함께 참여하여 유기적으로 연구할 필요가 있습니다.

셋째, 현재 우리나라에서 국가전략 지원 기술인 IT(Information Technology), BT(Bio Technology), NT(Nano Technology) 분야에서 개발된 신기술을 물 관리 시스템에 융합하여 설계와 운전에 이용하는 것입니다. 실제로, 2009년 현재 서울시에서 실시하고 있는 빗물 이용 시설 설치 의무화라든지나 IT 기술을 이용한 빗물 이용 시스템 감시 방안은 세계기상기구(WMO)를 비롯한 모든 나라에서 가장 확실하고 모범적인 홍수방지 기술로 인정받고 있습니다.

이와 같은 우리나라의 새로운 물 관리 패러다임과 융합형 신기술은 우리의 물 관리 시스템의 안전성을 보완해주는 것은 물론 국가 경쟁력까지 높일 수 있습니다. 사회 안전 차원에서 그리고 국가 경쟁력 확보 차원에서, 정부는 이와 같은 방향으로 정책을 바꿀 필요가 있습니다. 사람의 몸이나 사회 안전 시스템이나 질병이 걸리기 전에 미리

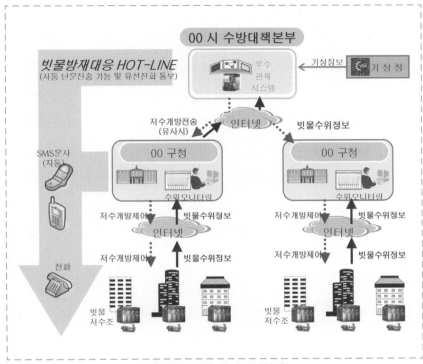

<빗물이용시설 원격모니터링>

확인하고 예방하는 것이 가장 확실하기 때문입니다.

🌧 우사 씨와 현사 씨의 저축

> 잘 살고 못사는 것은 소득이 얼마나 많고 적으냐에 달려 있는 것이 아니라, 얼마나
> 소득을 잘 관리하느냐에 달려 있는 것입니다.

앞서 저는 우리나라가 물 부족 국가가 아니라고 했습니다. 우리나
라 도시 지역은 물이 부족하지 않습니다. 오히려 물이 철철 넘치는 상

황입니다. 하지만 정확히 말하자면, 아직 상수도 시설을 제대로 갖추
지 못한 도서 산간지역에서는 물이 부족한 형편입니다. 그런 지역에
서는 대개 일주일에 한 번씩 급수차가 와서 물을 배급해주곤 합니다.
하지만 그것만으로는 턱없이 부족한 형편입니다. 그래서 빗물을 받아
생활용수로 쓰고 있습니다. 말하자면 비가 올 때 빗물을 저축해 평소
에 조금씩 사용하는 겁니다.

우리나라의 연평균 강수량은 약 1,283밀리리터 정도인데 대부분
여름 장마철에 집중되어 있습니다. 여름에 전체 강수량의 약 35퍼센
트인 400억 톤의 빗물을 그대로 흘려보내는 것이지요. 이 아까운 빗
물만 잘 모아두어도 도서산간 지역의 물 부족 문제는 어느 정도 해결
될 것입니다.

반면 독일은 연평균 강수량이 우리보다 훨씬 적은 700밀리미터이
지만 평소에 독일 국민들은 물이 부족하다는 것을 전혀 느끼지 못하
고 살아갑니다. 왜냐하면 비가 일 년에 걸쳐 고르게 오기 때문이며 이
를 충분히 모아 활용하기 때문입니다. 그래서 강물은 늘 넉넉하게 흐
르고 지하수 또한 충분히 확보되어 있습니다. 독일 가정에서 빗물을
받아 생활하는 모습은 지극히 일상적인 일입니다.

우리나라와 독일의 경우를 예로 들어 설명해 보겠습니다. 피서지
에서 여름 한 철 장사로 일 년을 먹고 살아야 하는 우사(愚士)씨의 총
수입이 1,276만 원입니다. 그런데 여름에 목돈을 만졌다고 좋아 하면
서 이 돈을 흥청망청 다 써버린다면 수입이 없는 다른 계절에는 어떻
게 살아야 할까요. 보나마나 쪼들리는 살림살이 때문에 엄청난 고생
을 하게 될 것입니다.

반면 현사(賢士) 씨는 일 년 수입이 700만 원 밖에 되지 않습니다. 그런데도 이 가정은 돈 때문에 고생을 겪지 않습니다. 왜냐하면 그의 수입이 일 년에 걸쳐 고르고 일정하게 들어오기 때문입니다. 따라서 일단 들어온 수입은 무조건 은행에 넣은 뒤 자신의 소득 범위 안에서 일 년 지출 계획을 세우고 거기 맞춰 지출을 합니다. 분수를 모르고 한꺼번에 흥청망청 쓰지 않기 때문에 연봉이 적다고 해서 불행하다고 생각하지 않습니다.

　　그러므로 잘 살고 못사는 것은 소득이 얼마나 많고 적으냐에 달려 있는 것이 아니라, 얼마나 소득을 잘 관리하느냐에 달려 있는 것입니다. 우사 씨는 자신의 수입은 여름에 한꺼번에 들어오고 다른 계절에는 거의 없다며 불평만 할 일이 아닙니다. 그 돈을 일단 은행에 저축을 해두고 현사 씨처럼 지출계획에 따라 조금씩 빼서 쓰면 될 일입니다. 하지만 안타까운 것은, 이 간단한 지혜를 우사 씨가 모르고 있다는 사실입니다. 우리가 빗물의 가치와 그 쓰임새를 적절하게 관리하지 못하는 것은 우사 씨의 경우와 같습니다.

　　따라서 여름철 비가 집중적으로 많이 올 때 가능한 모든 곳에 빗물을 모으는 지혜가 필요합니다. 만일 웅덩이나 호수, 논과 같은 곳에 빗물을 모은다면 땅 속으로 서서히 침투하여 지하수가 풍부해질 것입니다. 엄청난 예산을 들여 새로운 수자원을 찾으려고 낭비하지 않아도 됩니다. 그렇다고 해서 확보된 지하수를 마냥 퍼서 쓸 것이 아니라 다음 세대를 위해 아껴가며 써야 할 것입니다.

　　그런데 저축에도 여러 가지 방법이 있습니다. 그 가운데 수입이 들어오는 대로 무조건 자유저축을 들어놓고 수시로 꺼내 쓰는 방법이

▶ 제주도 촘항
제주도에서는 전통적으로
빗물을 받아서 써왔습니다.

있습니다. 비는 우리나라 어디나 할 것 없이 내립니다. 이 비를 댐을
만들어 모으는 것입니다. 이때 댐의 규모는 중요하지 않습니다. 큰 댐
이든 작은 댐이든 가릴 것 없이 무조건 모으는 것이지요. 댐이라 해서
거창하게 생각할 필요는 없습니다. 어디에든 빗물을 가두어 둘 수만
있다면 그것을 바로 댐이라 할 수 있습니다. 저축을 할 때, 자유저축
뿐만이 아니라 정기적금, 펀드식 저축, 부동산 투자 등 여러 가지 방
법을 이용하듯이 빗물을 모을 때도 빗물탱크는 물론, 방죽, 저수지 등
동원할 수 있는 모든 수단을 동원하면 더욱 좋을 것입니다. 이때 빗물
탱크에 받은 물은 언제든 빼 쓸 수 있는 자유저축 예금과 같고, 지하
수로 보충하는 것은 정기적금과 같은 것입니다.

　누구나 고소득자가 되기는 어렵습니다. 하지만 더 많이 벌지 못한
다고 해서 불평만 하고 있을 것이 아니라, 아끼는 지혜를 발휘해야 합
니다. 아껴 쓰는 것이 곧 버는 것과 같기 때문입니다. 빗물을 사용하
는 데도 이와 같은 지혜가 필요합니다.

빗물관리는 현대판 기우제

하늘의 처분만 바라며 가뭄의 고통을 견딜 것이 아니라, 지혜롭게 대책을 세워야 한다는 뜻입니다. 우리나라는 다행인지 불행인지 여름철에 집중호우가 내립니다. 이 빗물을 가능한 모든 수단을 동원해 모으는 것도 중요하지만 이를 관리하는 것은 더욱 중요한 일입니다.

다시 우사(愚士)씨를 등장시켜 보겠습니다. 어느 날, 우사 씨의 아내가 통장을 들여다보며 깊은 한숨을 내쉽니다. 돈 쓸 곳은 많고, 물가는 점점 오르는데 남편의 소득은 도무지 요지부동 오를 기미가 없으니까요. 월급쟁이인 남편에게 돈을 더 벌어오라고 바가지를 긁어봐야 소용없는 일입니다. 정신 바짝 차리고 살지 않으면 조만간 끼니 걱정을 해야 할 상황이 될지도 모르겠네요. 돈이 인생의 행복을 전적으로 좌우하지는 않지만, 이러다 가정의 평화가 깨질 것 같습니다.

이럴 때 우사 씨 집에서는 어떤 조치를 취해야 할까요. 현명한 아내라면 이렇게 행동할 것입니다. 우선 통장 잔고가 떨어질 징후가 보이기 시작하면 집 안에 주의, 경보 발령을 내리고 비상체제에 들어가는 단계별 조치를 마련할 것입니다. 갑자기 모든 지출을 금지시킨다거나 남편과 자녀들의 용돈을 크게 깎아버린다면 반발만 살 게 뻔합니다. 차근차근 단계를 밟아서, 꼭 필요하지 않은 지출부터 조금씩 줄여나갈 것입니다. 이렇게 하면 식구들의 반발도 없을 것이고 원만한 협조도 이끌어 낼 수 있을 것입니다. 무엇보다 앞으로도 집에 어떤 위기가 닥치든 현명하게 대처해나갈 수 있는 지혜가 생길 것입니다.

빗물 관리도 이와 마찬가지입니다. 앞서 빗물을 가두고 모아 일반 집에서 활용할 수 있는 방법을 소개했습니다만, 빗물 관리는 단지 집에서뿐만 아니라, 우리나라 국토전체에도 적용할 수 있습니다. 예컨대, 우리나라에 주기적으로 찾아오는 가뭄에 대비해서라도 빗물을 모으고 관리하는 일은 필수적입니다. 물론 가뭄은 우리나라뿐만 아니라 모든 나라에서 겪고 있는 문제입니다. 지구온난화로 인한 이상기후 현상이 속출하면서 주기와 상관없이, 예고도 없이 가뭄 피해를 당할 확률이 높아지고 있습니다. 이럴 때를 대비해 우리가 취해야 할 태도는 무엇일까요? 앞으로 쓸 수 있는 물의 양을 확인하여 단계별로 차근차근 대책을 세워나갈 필요가 있습니다. 우사 씨 집처럼 말입니다.

옛날 사람들처럼 가뭄이 길어진다고 해서 기우제를 지내는 건 그다지 현명한 일이 되지 못합니다. 옛날 중국의 춘추전국시대에 살았던 순자라는 인물은 이런 말을 했다고 합니다. "기우제를 지내자 비가 오는 것은 무슨 까닭인가. 하나도 이상할 것이 없다. 이것은 기우제를 지내지 않았는데도 비가 오는 것과 같다"라고 말입니다. 무척 합리적이고 이성적인 생각이지요?

요컨대, 하늘의 처분만 바라며 가뭄의 고통을 견딜 것이 아니라, 지혜롭게 대책을 세워야 한다는 뜻입니다. 우리나라는 다행인지 불행인지 여름철에 집중호우가 내립니다. 이 빗물을 가능한 모든 수단을 동원해 모으는 것도 중요하지만 이를 관리하는 것은 더욱 중요한 일입니다. 이는 마치 통장 잔고를 수시로 확인하면서 어디에 어떻게 어느 정도나 써야 할지 계획을 세우는 것과 같습니다.

그 구체적인 수단으로 IT기술을 적용해보는 것을 제안해볼까 합니다. 우리나라는 전 세계가 인정하는 IT 기술이 고도로 발달한 나라입니다. 이 IT 기술과 그 인프라를 빗물관리에 접목할 수 있습니다. 예컨 대, 지역 또는 집에 설치한 빗물 저장조(물론, 일단 빗물 저장조가 모두 설치되어 있는 상황이 전제가 되어야겠지요)의 저장량을 인터넷을 이용해 실시간으로 파악하는 체제를 갖추는 것은 비교적 쉬운 기술입니다.

그리고 주민들과 함께 그 지역 물의 수입과 지출을 따져보고 비상시에 단계를 정하여 대책을 세우면 더욱 좋을 것입니다. 예를 들어, 평상시 수량의 80퍼센트 정도의 잔고가 있으면 잔디에 물을 주지 않거나, 화장실 용수를 사용하지 않으며, 60퍼센트가 되면 시간제 급수를 하는 따위 방법을 강구할 필요가 있을 것입니다.

그러므로 우리나라의 강우 흐름은 매우 열악하지만 오히려 전화위복의 계기로 삼을 수도 있습니다. 왜냐하면 가뭄이 닥쳐 고생을 하더라도 여름에는 늘 큰 비가 내릴 것이라는 희망이 있기 때문입니다. 물론 비가 많이 올 때 가뭄을 겪었을 때의 고통을 잊어버리지 말고 대비하는 자세가 더욱 필요하겠습니다.

빗물관리, 선조에게 배우는 지혜

우리 선조들이 물 관리를 잘했던 이유는 우리나라의 열악한 강우패턴 때문입니다. 이를 극복하기 위해 다각도로 많은 연구를 하고 기술을 개발하였습니다.

본격적인 이야기를 하기에 앞서 여러분에게 문제를 하나 내겠습니다. 골치 아프게 갑자기 무슨 문제를 내냐고요? 너무 긴장하지 마십시오. 아주 쉬운 문제입니다. 7월 17일은 무슨 날일까요? 네, 정말 쉬운 문제이지요. 바로 제헌절입니다. 초등학생도 맞출 수 있는 문제입니다. 그럼 이번엔 좀 더 난이도가 높은 문제를 내보겠습니다. 그렇다면 제헌절 노래의 가사는 어떻게 될까요. 이쯤에서 여러분의 머릿속에서는 어렸을 때 배웠던 제헌절 노래가사가 뱅뱅 맴돌고 있을 것입니다. 여러분의 기억을 되살리기 위해 힌트 하나 드리겠습니다. '단군

제헌절 노래

정인보 작사
박태준 작곡

비 구 름 바 람 거 느 리 고

인 간 을 도 우 셨 다 는 우 리 옛 적

삼 백 예 순 날 은 일 이 하 늘 뜻 그 대 로였 다

삼 천 만 한 결 같 이 지 킬 언 약 이 루 니

옛 길 에 새 걸 음 으 로 발 맞 추 리 라

이 날 은 대 한 민 국 억 만 년 의 터 다

대 한 민 국 억 만 년 의 터

왕검'이라고 하면 떠오르는 노래가 있으십니까? 네, 눈치 빠른 여러분은 아셨을 것입니다.

제헌절 노래는 이렇게 시작합니다. "비 구름 바람 거느리고 인간을 도우셨다는…"이라고 말이지요. 이 노랫말은 단군왕검이 우사(雨師), 운사(雲師), 풍백(風伯) 세 분의 신하를 거느리고 나라를 세웠다는 이야기에서 그 모티브를 빌려온 것입니다. 일제 식민지배에서 벗어나 제헌국회를 세우고 헌법을 공표한 중요한 날을 기리는 노래의 첫 가사에 비와 구름과 바람이 등장한 것은 참 의미심장한 일입니다. 이 가사에는 우리나라 기후의 특성이 한마디로 집약되어 있기 때문입니다.

우리나라는 몬순의 영향으로 매년 가뭄과 홍수가 반복됩니다. 우리 선조들은 이 땅에서 현명하게 살아가기 위해서는 비와 구름과 바람의 특성을 잘 알아야 했고, 특히 빗물을 잘 관리해야 했습니다. 또한 비를 공경하고 비와 더불어 살아왔습니다. 그래서 비가 안 올 때는 임금이나 지역의 최고 관리가 친히 기우제를 지내고, 비가 너무 많이 올 때는 비가 그치라는 기청제를 지내기도 했습니다. 세종대왕께서 측우기를 발명하시고 그것을 전국에서 관리하고 기록하여 보관하도록 명하신 것도 바로 이러한 노력의 일환이라고 볼 수 있습니다.

이처럼 우리 선조들은 오래 전부터 최고 통치자는 물론 일반 백성들도 비를 체계적으로 관리하면서 그 노하우가 생겼을 것입니다. 그 증거는 뜻밖에 일본에서도 발견됩니다. 오사카에 가면 고대에 축조되었다는 커다란 인공 저수지(사야마 이께)가 현재까지 잘 사용되고 있는 것을 볼 수 있습니다. 이 저수지에 빗물을 모아 하류지역의 홍수를 방지하고 모은 물을 이용하여 농사를 지어서 이 지역이 발전했다고 합니다.

그런데 바로 이 인공저수지를 백제인이 세웠다고 합니다. 왜냐하면 저수지 제방의 축조기법이 우리나라 백제 시대에 만들어진 벽골제의 축조기법과 똑같기 때문입니다. 즉 당시의 백제인이 오사카에 가서 그 지역 물 관리를 위한 계획을 세우고 저수지의 축조기술을 가르쳐 만든 것이라는 유력한 설이 전해져 옵니다. 혹자는 오히려 일본인이 당시 백제에 와서 자신들의 기술로 벽골제를 축조했다고 주장할 수도 있습니다. 하지만 이미 5세기에 많은 백제인이 일본으로 건너가 장인 대접을 받으며 기술을 전수했다는 것은 엄연한 역사적 사실입니다.

열악한 자연환경 속에 살며 그것을 극복하려고 노력하다 보면 세계적인 기술이 나오기 마련입니다. 예컨대, 수질이 나쁜 나라에 살면 수처리 기술이 발달하고, 지반이 나쁜 나라에서는 지반기술이 발달하며, 물이 귀한 나라에서는 물을 절약하고 재이용하는 기술이 발달하거나, 산악 지형에서는 터널기술이 발달하는 것처럼 말입니다. 그래서 수질이 나쁜 유럽 지역에서는 맥주와 와인이 발달한 것입니다. 그런 의미에서 우리 선조들은 매년 봄 가뭄과 여름 홍수를 겪는 몬순지역에서 살아가기 위해 자연스럽게 물 관리 기술을 터득하게 되었을 것입니다. 그런 의미에서 볼 때, 우리 선조들이 물 관리를 잘했던 이유는 우리나라의 열악한 강우패턴 때문입니다. 이를 극복하기 위해 다각도로 많은 연구를 하고 기술을 개발한 것입니다. 예를 들어 보겠습니다. 세계기상기구(WMO)의 자료를 토대로 하여, 통계학에서 사용하는 평균치와 분산이라는 개념을 적용해보겠습니다. 공식적으로 발표된 우리나라의 일년 평균 강우량은 1,283mm입니다. 이것은 과거 30년 정도의 평균치를 사용한 것이지만 최근 들어 이 수치가 점점 증가하는 추세에 있습니다. 분산이란 여러 개의 수치가 얼마나 고른 가를 나타내기 위해 사용하는 개념입니다. 이때 분산이 크면 연간 내리는 비가 고르지 않은 것을 뜻하고, 분산이 작으면 고르게 오는 것을 뜻합니다. 따라서 당연히 분산이 크면 물을 관리하기 어렵기 때문에 다른 수단을 강구할 필요성이 있습니다.

세계 주요 나라에서 연간 비가 내리는 분산의 값을 비교하면 그림과 같습니다. 이를 보면 우리나라의 강우패턴이 유난히 돋보입니다.

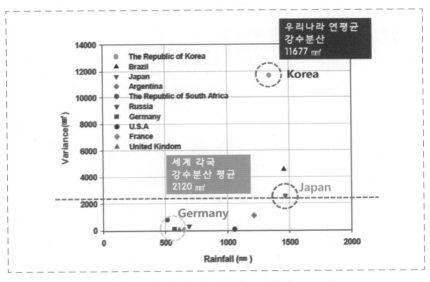

〈세계 주요 나라의 강우량 분산의 값〉

위의 도표는 우리나라가 비에 관한 한 세계 최고로 열악한 환경에 처해 있다는 것을 보여줍니다. 이는 바꿔 말하면, 세계 어느 나라도 우리나라에 적합한 물 관리 기술을 가르쳐 줄 수 없다는 뜻이기도 합니다. 열악한 강우 환경에서 수천 년을 살아왔기 때문에 그 관리방법

또한 우리에게만 있다고 할 수 있습니다.

이러한 우리의 노하우는 앞으로 기후변화로 인해 강우의 분산 값이 커져서 물 관리 문제에 곤란을 겪을 후진국들은 물론 선진국들에게도 한 수 가르쳐 줄 수 있는 가이드가 될 것입니다. 게다가 우리나라의 첨단 IT기술을 접목시킨다면 더 큰 시너지 효과를 발휘할 수 있겠지요. 아마 전 세계의 수십, 수백만 명의 인명과 재산을 구할 수도 있을 것입니다.

그렇다면 우리나라의 우리 환경에 맞는 물 관리의 지혜는 누구에게 구해야 할까요. 바로 우리의 선조들입니다. 이 땅에 나라를 세우며 비와 구름과 바람을 거느리고 나라를 세운 그 선조들 말입니다. 이 분들의 통치철학이 우리나라를 세계에서 가장 물이 맑은 금수강산으로 만든 것이라고 생각합니다.

그런데 지금 우리의 의식은 어떠한가요. 지난 30여 년 사이에 우리는 세상에서 가장 맑은 물에 대한 자긍심을 잃어버렸습니다. 어떤 연유로 퍼진 것이지 모를 산성비에 대한 과장된 정보와 비과학적인 주장으로 막연히 비를 두려워하고, 비를 내리자마자 없애 버려야 하는 오염물질 정도로 취급합니다. 이로 인해 홍수가 나고, 물이 부족하다며 지하수를 함부로 퍼서 쓰니 지하수는 점점 그 수위가 내려가 도시 하천이 말라붙게 되는 현상이 나타나고 있습니다. 금수강산을 물려준 선조들이 참으로 안타까워 할 일입니다.

🌧️ 홍익인간 정신의 실천, 빗물 모으기

> 우리 고유의 아름다운 홍익인간 정신을 되살릴 때입니다. 그것은 바로 빗물 저장조를 많이 만드는 것입니다. 도시 전역 곳곳에 빗물 저장조를 많이 건설해 내린 빗물을 가두는 것입니다.

몇 해 전, 유럽 출장을 갔을 때의 일이 생각납니다. 일이 끝나고 독일인 친구와 함께 시내 구경을 갔습니다. 그런데 그곳 사람들이 어느 오래된 성당 앞마당에 있는 유명한 여인상 앞에서 간절한 모습으로 기도를 하고 있었습니다. 친구에게 모두들 무엇을 저렇게 간절히 기도하는지 물어봤더니, 대개 '나와 내 가족을 위해 기도한다(für mich, für uns.).'고 하였습니다. 처음엔 그 마음이 소중하게 느껴졌지만 가만히 생각해보니 문득 이런 생각이 들었습니다. 나와 내 가족만을 위해 기도하는 마음이 어쩌면 서구의 식민지 정복의 역사를 낳았고 자연을 파괴해온 것이 아닐까라는 생각이 들었습니다. 남이야 어찌 되든 나만 잘되면 괜찮다는 이기주의 말입니다.

저는 그 독일인 친구에게 우리의 '홍익인간'정신에 대해 말해 주었습니다. '널리 세상을 이롭게 한다.'는 정신 말입니다. 이런 마음으로 우리는 자연을 파괴하는 대신 존중하며 함께 조화를 이뤄 살아왔고 남의 나라를 공격하고 정복하지 않았다는 것을 전했습니다. 저의 설명을 들은 친구는 역시 동양인의 사고방식이 서양인의 사고방식보다 한 수 위인 것 같다고 하였습니다.

내친김에 저는 이러한 동양적 사고방식을 빗물 관리에도 적용할 수 있다고 말했습니다. 빗물을 모으고 관리하는 이유는 나의 필요와 목적에 따른 것이기도 하지만, 사실은 남을 위해 즉 우리 모두를 위한 것이기도 하기 때문입니다. 만일 나의 집 지붕에 떨어진 빗물을 모으

지 않을 경우, 하류에 있는 남의 집은 넘치는 빗물로 침수되어 버릴 것입니다. 그러므로 빗물을 모으고 관리하는 것은 남을 위한 배려이기도 합니다.

나의 말에 또 한 번 친구는 고개를 크게 주억거렸습니다. 사실 독일에서는 빗물을 이용하는 것이 지극히 일상적이고 상식적인 일입니다. 하지만 그 속내를 자세히 들여다보면, 비싼 상수도 요금 때문이며, 그 목적은 자신의 개인적인 필요 때문입니다.

하지만 우리나라의 전통적인 빗물관리는 독일과 그 개념이 달랐습니다. 우리나라는 잘 아시는 것처럼, 여름에는 홍수가 나지만 봄에는 가뭄이 드는 패턴을 보이고 있습니다. 이런 지역의 빗물관리는 나를 위해서가 아니라 우리 모두가 잘 살기 위해서 하는 것입니다. 빗물을 모음으로써 홍수가 발생했을 때 남에게 갈 수 있는 피해를 사전에 예방할 수 있고, 가뭄에 대비할 수 있기 때문입니다. 이에 대한 증거로 남아 있는 것이 전국 곳곳에 산재해 있는 저수지입니다. 현재 우리나라에서 빗물 탱크를 설치할 때 바로 이런 개념을 적용한다고 보충 설명을 하니, 선진국의 빗물 전문가도 깜짝 놀랄 수밖에 없었습니다.

그런데 독일인 친구에게 그렇게 설명했지만 한 가지 마음에 걸리

는 것이 있었습니다. 우리나라가 점점 서구화되고 사고방식 또한 개인적인 성향을 띄어가면서, 우리의 홍익인간 정신과 그 미덕을 잃어버린 것이 아닌가, 문득 그런 생각이 들었습니다.

사람들은 비가 오면 빗물이 내 집에서 빨리 빠져나가기만을 바랍니다. 즉 나만을 위한 개념에 익숙해져 있지요. 그러다 보니 저지대 혹은 하류에서는 너무 많은 양의 빗물이 넘쳐 번번이 침수되곤 합니다.

저지대가 침수되기 직전의 상황을 한 번 생각해 볼까요. 주민의 입장에선 자신의 집이 침수되지 않도록 빨리 빗물을 펌프해 강으로 보내려고 할 것입니다. 하지만 그러면 이미 물이 넘실거리는 하천의 약한 제방이 무너져 더 하류에 위치한 다른 지역 주민들이 피해를 당할 것이 뻔합니다. 일단 나만 피해를 당하지 않으면 그만이라는 생각이 남에게 더 큰 화를 불러오게 할 수 있는 것입니다.

이제는 우리 고유의 아름다운 홍익인간 정신을 되살릴 때입니다.

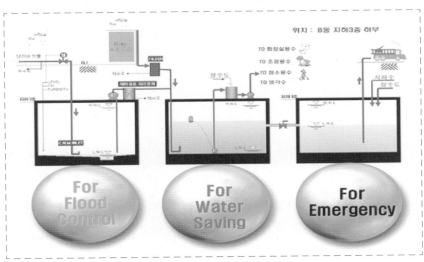

〈 스타시티 빗물이용시설 〉

그것은 바로 빗물 저장조를 많이 만드는 것입니다. 도시 전역 곳곳에 빗물 저장조를 많이 건설해, 내린 빗물을 가두는 것이지요. 그리하면 빗물이 일시적으로 내려가 하천이 범람하고 다른 사람들이 피해를 당하는 것을 막을 수 있습니다. 이때 빗물 저장조는 반드시 대규모일 필요는 없습니다. 작은 저장조라도 여러 곳에 분산시켜 설치할수록 더욱 유리합니다. 비가 그친 후에는 모아둔 빗물을 천천히 흘려보내면 마른 하천에 물이 흐르게 할 수 있습니다. 이것이 바로 나와 남을 위하고 우리가 사는 세상 전체를 위한 빗물관리의 모습입니다. 빗물관리로 홍익인간의 정신을 실천할 수 있습니다. 여러분 누구나 작은 실천으로 자신과 남을 이롭게 할 수 있습니다.

🌧 물 관리는 국가적 차원의 문제

> 물 관리 정책부서의 또 다른 문제점은 멀리 내다보지 못한다는 것입니다. 사람은 살아가며 누구나 크고 작은 병에 걸립니다.

오랜만에 TV 사극을 보니, 이런 장면이 나옵니다. 오랫동안 비가 오지 않아 전국의 논밭이 타들어가고 백성들이 고통을 당하자 임금은 이런 말을 합니다. "짐이 부덕한 탓이로다." 여러분도 이런 장면을 많이 보셨을 것입니다. 사실 비가 오지 않는 것이 어찌 한 나라의 통치자 탓이겠습니까. 하지만 옛날 임금들은 그처럼 기후 문제 혹은 물 문제에 막중한 책임감을 갖고 국가적인 차원에서 해결하려고 노력하였습니다.

그런데 오늘날 우리나라 정부의 물 관리 문제에 대처하는 자세를 보면 지나치게 업무를 세분화시켜 놓고 어떻게든 서로 책임을 지지 않으려 한다는 인상을 지울 수 없습니다. 하나의 예를 들자면, 수량과 수질 문제를 각기 다른 부처에서 맡아 따로따로 정책을 추진하기 때문에 서로 손발이 맞지 않거나 예산이 낭비되기도 합니다. 그래서 몇 해 전에는 총리실에서 수량과 수질 정책부서를 일원화 하는 문제를 놓고 의논을 했는데, 그러자 또 이를 누가 전담하는 것이 좋을지 일원화에 따른 문제점은 없는지 등에 대해 서로 왈가왈부했다고 합니다. 옛날 임금들처럼 어느 한 부처에서 전적으로 책임을 지는 자세를 볼 수 없어 안타까운 일입니다. 2019년부터 물관리 일원화가 되어 환경부에서 통합관리를 하고 있습니다.

사실 수량과 수질은 따로 볼 문제가 아닙니다. 서로 긴밀한 연관성이 있습니다. 그 이유에 대해 살펴보겠습니다. 수질농도의 공식은 오염물질의 양을 수량으로 나눈 것입니다(농도=오염물질량÷수량).

즉 같은 오염물질 양이라도 그것을 희석하는 물의 양에 따라 농도가 달라지는 것이지요. 상식적으로 생각해 보더라도, 한 숟가락의 설탕을 물 한 컵에 넣느냐, 한 주전자에 넣느냐에 따라 맛이 달라지지 않겠습니까.

그러므로 예컨대 하천의 수질을 잘 유지하기 위해서는 오염물질을 줄여야 하는데 만일 그것이 여의치 않다면 그 대신 희석수량을 늘리면 됩니다. 이때 유용하게 쓸 수 있는 것이 바로 빗물입니다. 빗물을 지하수층에 모아놓고 천천히 하천으로 흘러나가도록 하여 희석수량을 늘려준다면 하천 수질은 맑게 회복될 것입니다. 그렇다면 지하수 수위를 어떻게 높여야 할까요. 바로 빗물을 저류하거나 침투시키는 것으로 가능합니다. 이렇게 하면 갑자기 하천에 물이 불어나는 홍수사태도 예방할 수 있을 것입니다.

우리나라 물 관리 정책부서의 또 다른 문제점은 멀리 내다보지 못한다는 것입니다. 사람은 살아가며 누구나 크고 작은 병에 걸립니다. 이때 그 병이 만성인지 급성인지에 따라 그 치료방법이 달라질 것입니다. 그런데 우리나라의 물 관리 정책을 보면 만성적인 병에 급성 처방만 시행하는 것 같습니다. 즉 눈에 보이는 문제만을 땜질하는 식으로, 홍수를 방지하고 하천수질을 개선하거나 하천환경을 좋게 하고 물 부족 문제를 해소하는 등의 일을 해왔지요. 정작 눈에 보이지 않지만 더 중요한 만성적인 문제점이나 장기적인 비전 수립이나 타 부처의 문제점과 아울러 해결하려는 생각은 별로 하지 않는 것 같습니다.

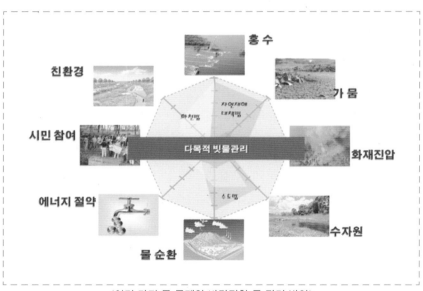

〈여러 가지 물 문제와 바람직한 물 관리 방안〉

이와 같은 문제점을 아래의 그림으로 설명할 수 있습니다(그림 참조). 이 그림은 물 문제에 관한 여러 가지 법률적인 사안들에 대해 각각의 정책부서가 관장하는 영역을 그래프로 그려본 것입니다(이 그림은 저의 주관적인 생각에 따라 그려본 것이기 때문에 각자의 관점에 따라 달리 그릴 수도 있습니다.).

위의 그림을 보고 무엇을 느끼셨나요. 별로 느낌 점이 없으십니까? 만일 여러분 중에 이 그림에서 뭔가 느낀 분이 있다면, 지금까지의 글을 꼼꼼하게 읽으신 분일 것입니다. 이 그림을 보면, 물 문제에 관한 사안이 각기 일부만을 한정적으로 취급하고 있다는 것을 한눈에 알 수 있습니다. 환경부의 관련법은 수질이나 물 절약과 관련된 문제들을 중점적으로 다루고 있지만 가뭄이나 산불방지, 홍수 등은 다루지 않습니다. 국토부의 관련법에서는 홍수만을 위주로 다룰 뿐, 하천 환경을 개선하려는 의지는 보이지 않습니다. 자연재해특별법 역시 자연재해에 관한 것만을 한정시켜 다루고 있습니다. 그것과 연관된 다른 사안들은 고려하고 있지 않습니다.

그렇다면 바람직한 물 관리 정책은 무엇일까요. 위에 열거한 모든 인자들을 종합적으로 고려한 것입니다. 이때 무엇보다 우선순위를 두어야 할 것은, 어떻게 하면 인명과 재산 피해를 줄일 수 있는가 하는 것입니다. (예산을 덜 들이고 피해를 최소화할 수만 있다면, 어느 부서가 움직여 일한들 무슨 상관입니까.) 물론 기왕이면 이러한 문제들에 대한 종합적인 조정능력이 있고 창의적인 안목이 있으며, 이를 실천할 수 있는 예산과 인력, 행정력 등을 갖춘 부서가 한다면 제일 바람직할 것입니다. 이때 가장 중요한 것은 바로 책임감일 것입니다. 그 옛날 임금들처럼 말입니다.

💧 물 나고 사람 난다

물이 없으면 생존 자체가 불가능합니다. 만약 물이 필요하여 인근 마을의 우물에 가서 대가를 치르고 물을 길어온다 해도 그 분들이 마음이 바뀌어 물 값을 대폭 올린다든지, 자신들도 먹을 물이 부족하니 더 이상 줄 수 없다고 할 수도 있습니다.

여러분이 만일 한 달쯤 어느 오지에 들어가 야영생활을 한다고 생각해봅시다. 이때 여러분의 리더가 가장 먼저 고려해야 할 것은 무엇일까요. 안전하고 튼튼한 숙소? 충분한 식량 확보? 혹은 공평한 식사 당번 짜기? 물론 다 중요합니다. 하지만 이 모든 것에 앞서 가장 먼저 고려해야 할 것은 바로 물의 확보입니다. 물이 없으면 생존 자체가 불가능하기 때문입니다. 만약 물이 필요하여 인근 마을의 우물에 가서 대가를 치르고 물을 길어온다 해도 그 분들이 마음이 바뀌어 물값을 대폭 올린다든지, 자신들도 먹을 물이 부족하니 더 이상 줄 수 없다고 할 수도 있습니다. 이럴 때를 대비해 아예 야영하는 곳 자체를 물가에 마련하는 것이 가장 현명한 방법입니다.

동서고금을 막론하고 인간은 물을 가장 쉽게 확보할 수 있는 곳에 마을을 형성시키고 하수를 원활하게 배출할 수 있는 시설을 만들며 살아왔습니다. 고대 유적지들을 발굴해보면 한결 같이 우물터나 수로와 같은 물 공급 시설과 배수 시설이 발굴이 되었습니다. 만일 어떤 고대도시가 오랫동안 풍요롭게 존립해왔다면 그것은 분명 물 관리를 잘했기 때문이며, 최고 통치자가 물을 공급하는 수단과 방법을 잘 알았기 때문입니다.

반대로 물 관리를 제대로 못하면 한 나라가 망하는 수도 있습니다. 고대 로마를 예로 들어 보겠습니다. 당시 로마의 도시에서는 수십 킬로미터나 떨어진 수원(水源)에서부터 수로를 통하여 물을 공급받아 조경이나 목욕 등 현대인들도 부러워할만큼 물을 펑펑 쓰며 최고의 문화를 누렸습니다. 그 규모가 어느 정도 되었나 하면, 무려 일인당 하루 1,000리터씩이나 써도 될 정도였다고 합니다(참고로 현대사회에서는 일인당 하루 약 300-400리터 정도 사용합니다).

이러한 고급수로를 건설하고 유지하고 외침으로부터 보호하려면 꽤 많은 비용이 필요했을 것입니다. 그런데 사람들이 물을 지나치게 많이 쓰고 물의 의존도가 높다보니, 만일 수로가 폐쇄라도 되면 사람들은 많은 불편을 겪게 되었을 것입니다. 따라서 이 시대의 정치가와 군인들에게 제일 중요한 임무는 성을 지키는 것보다 그 방대한 규모의 수로와 수원을 지키는 것이 더 중요했을 것입니다. 이것이 로마가 전성기를 누릴 때는 별 문제가 되지 않았겠지만, 로마의 쇠퇴기에는 큰 재정적 부담이 되었을테고, 이것이 어쩌면 로마를 망하게 하는 간접적인 원인이 되었을거라고 추측하는 학자들도 있습니다.

또 하나의 유사한 사례가 있습니다. 그토록 번성했던 메소포타미아 문명이 갑자기 사라졌는데, 도시는 그대로 존재했지만 사람들이 사라진 것을 두고 학자마다 여러 가지 설을 주장해 왔습니다. 그 중 하나는 물 관리를 잘못하여 그리 되었다는 설이 있습니다. 그 이유는, 당시 발달된 관개기술로 오랫동안 티그리스 강과 유프라테스 강의 물을 끌어다 농사를 지었는데, 땅 밑에 있는 암염이 서서히 녹아나와 토양의 염도가 높아져, 더 이상 농사를 지을 수 없어 결국 몰락하게 되었다는 주장입니다. 지금도 제가 파견근무 나갔던 이라크 지역에는 땅을 조금만 파면 소금층이 나옵니다. 안전한 수질의 물 공급이 도시의 존속에 미치는 지대한 영향을 절감하게 하는 이야기입니다.

지속가능한 도시의 물 관리는 우리나라 고대 도시도 그 예외가 아닙니다. 왜냐하면 우리나라 대부분의 고대 국가들이 수천 년을 지속해온 것만 봐도 알 수 있습니다. 신라의 경주를 예로 들어보겠습니다. 당시 신라에는 근처에 큰 강이 없었는데도 불구하고 천년의 도읍을 유지하였고, 한창 도시가 번성할 때는 인구가 약 90만 명을 헤아렸다고 합니다. 물론 지금도 경주는 튼튼한 도시를 유지하고 있습니다. 전 세계 어느 역사를 보아도 이렇게 오랫동안 사람들이 거주하고 번성한 도시는 많지 않습니다.

그런데 신라 경주 사람들이 근처에 큰 강이 없는데도 어떻게 그처럼 번성할 수 있었을까요. 여기에 바로 우리 선조들의 물 관리 비밀이 숨어 있습니다. 물을 자급한 것입니다. 최대한 물을 절약하고 비가 오면 침투시켜 땅 속에 저장하고 집집마다 우물을 사용했을 것입니다. 또한 분뇨나 하수에 의한 우물물의 오염을 최소한으로 유지하기 위해 많은 노력을 기울였을 것입니다. 말하자면, 그 지역 강우의 특성이나 토양의 특성을 잘 살펴서 빗물을 모아 효율적으로 사용한 것입니다.

과거뿐만 아니라 현대 도시들도 대개 하천 근처에 자리 잡고 있습니다. 서울을 비롯하여 워싱턴, 뉴욕, 파리, 런던 등 대도시들을 보면 대개 하천을 끼고 있습니다. 쉽게 물을 공급받기 위해서입니다. 하지만 우리나라의 한강에 비하면 유럽 어느 도시의 강은 수질오염 문제가 심각해서 얼마나 지속성을 갖고 있는지 의문입니다.

그런데 만일 도시 근처에 하천이 없다면 어떻게 해야 할까요. 큰 걱정을 할 필요는 없습니다. 기술이 발달해 동력이 개발된 후 멀리서 물을 끌어와 자유롭게 물을 공급할 수 있게 되었기 때문입니다. 그런데 우리가 여기서 간과하지 말아야 할 것은, 이것이 과연 지속 가능한가입니다. 즉 우리도 좋고 우리 자손들도 부담이 없을 것인지 생각해야 합니다. 댐이나 펌프장과 같은 거대한 시설은 언젠가는 망가집니다. 그래서 늘 비싼 유지 관리비가 필요합니다. 또한 동력을 유지하기 위해 기름이 필요한데, 기름값이 오를 때마다 재정적 부담은 물론이고 산유국의 눈치를 봐야 하고 정치적으로도 의존을 하게 됩니다. 우리 세대야 별 걱정 없이 살다 가겠지만, 그 부담은 고스란히 우리 후손들의 몫이 될 것입니다.

최근 우리나라는 붐이다 할 정도로 신도시를 짓거나 도시 재개발을 하는 일이 빈번해졌습니다. 이를 위해 전 세계 유명 도시 설계자들의 아이디어를 비싼 비용을 지불하고 사기도 합니다. 그런데 이런 도시 계획을 할 때 겉으로 보기엔 화려한데, 반드시 근본적으로 고려해야 할 사항을 잊고 있는 듯 해서 안타까울 때가 많습니다.

가장 중요한 사항이란, 앞서 계속 지적해온 대로, 물 관리를 최우선으로 고려해야 한다는 것이지요. 하나씩 그 항목을 살펴볼까요. 첫째, 무엇보다 우리나라의 강우 특성을 비롯해 토양특성과 생활습관까지 고려해야 합니다. 둘째, 시간의 검증을 받은 것이어야 합니다. 셋째, 시설의 노후화나 에너지의 부담을 최소한으로 해줘야 합니다. 넷째, 물 자급률을 최대로 높여야 합니다. 그리고 마지막으로, 이러한 개발이 하류의 홍수와 가뭄을 유발하지 않는 방향으로 이루어져야 한다는 것입니다. 이 모든 것을 이루는데 가장 필요한 것은 바로 빗물을 잘 관리하는 것입니다.

🌧 기후변화 시대의 빗물관리

물 문제의 근본을 정확하게 파악해서 그에 적합한 시설을 미리 만들어 놓는다든지, 정책이나 제도를 보완하는 방법은 없을까요. 점점 아열대 기후로 변해가는 우리나라의 수자원 관리방법에 대한 강구가 필요합니다.

최근 들어 전 지구적으로 기후변화의 흉흉한 현상들이 속출하고 있습니다. 북극의 빙하가 상당 부분 녹아서 사냥터를 잃은 북극곰들이 굶주리는가 하면, 알프스의 만년설이 녹아내리면서 홍수가 빈발하고 남태평양의 섬나라 투발루는 해수면이 매년 5.5㎜가 상승하고 있는 탓에 50년 후에는 완전히 물 속에 잠기게 될 거라고 합니다.

한반도 역시 여러 가지 기후변화의 징조가 나타나고 있습니다. 우기와 건기가 뚜렷해져서 여름에는 집중호우가 쏟아지지만 겨울에는 극심한 가뭄이 이어집니다. 동해안에서 명태가 사라진 지 오래고, 조기와 꽃게로 유명한 서해안에서는 난대성 어종인 오징어와 멸치가 더 많이 잡히는 것은 그러한 현상 중의 하나입니다. 한반도가 점점 아열대 기후로 변화해간다는 증거입니다.

이와 같은 지구의 기상이변을 우리의 힘으로 지금 당장 막기에는 역부족입니다. 하지만 기상이변이 닥쳤을 때 그 문제점을 예측하고 그에 대한 대처방안을 준비해야 할 것입니다. 왜냐하면 기후가 변한

다는 것은 우리의 일상에 크고 작게 많은 영향을 주기 때문입니다. 그렇다면 어떤 대책을 세워야 할지 물 관리의 관점에서 한 번 생각해 보겠습니다.

아열대 기후의 특징 중 하나는 우기와 건기가 확연하게 구분된다는 것입니다. 실제로 서울 지방의 월별 강우량을 지난 30년의 평균치와 최근 5년 동안의 평균치를 비교해보면 그러한 현상을 확실하게 알 수 있습니다. 여름에는 다른 계절보다 훨씬 집중적인 호우가 쏟아진 반면, 갈수록 겨울가뭄이 극심해지는 것이 그 증거입니다. 이러한 현상들이 지속되면 우리의 일상생활에 큰 불편과 혼란을 초래될 것은 기정된 사실입니다.

이를 시설적인 측면에서 한 번 살펴보겠습니다. 도시에는 빗물을 배출하기 위한 하수도관이나 하천 등의 시설이 있습니다. 그 크기와 용량은 이전의 강우량이나 패턴 등에 맞도록 설치되어 있습니다. 그런데 기후변화로 인해 과거보다 비가 많이 오면 그것을 처리할 수 있는 용량이 모자랄 것은 당연한 일입니다. 그렇다면 이때 처리 용량이 얼마나 부족한지 그리고 지금 당장은 괜찮지만 비가 더 오더라도 견딜 수 있는지 등을 알아두고 있는 것이 현명한 처사일 것입니다. 이런 부분이 준비되지 않는다면 도시와 모든 사람의 재산 피해는 물론 생명에까지 지장을 초래할 수 있습니다. 그리고 이러한 일이 한 번에 그치는 것이 아니라 매년 겪게 될 수도 있습니다.

이 문제를 해결하기 위해서는 하천이나 하수도관의 크기를 키워야 합니다. 하지만 이게 과연 쉬운 일은 아닙니다. 하수도는 관으로 줄줄이 연결되어 있기 때문에 상류부터 하류까지 모두 증설해야 합니다. 때문에 그 시간이나 비용이 어마어마하게 소요될 뿐만 아니라 도시 전체의 지면을 공사해야 하기 때문에 시민들에게 엄청난 불편을 초래하게 될 것입니다. 사실 거의 불가능에 가까운 일이라고 할 수 있지요. 빗물 펌프장 역시 그 용량이 부족한데, 집중호우가 어느 지역에 올지 모르기 때문에 모든 빗물 펌프장을 다 증설해야 할 것입니다. 이것 역시 불가능에 가까운 일입니다.

가뭄 때도 걱정이 되기는 마찬가지입니다. 혹여 비가 많이 올 때 댐이 넘칠까봐 모두 다 미리 바다로 흘려버리고 가뭄 때는 물이 없어 걱정을 합니다. 그래서 현재의 댐 용량으로는 부족하니 댐 높이를 더 높여야 한다든지 댐을 더 만들어야 한다고 할 것입니다. 그렇게 되면 댐을 둘러싼 지역의 갈등 문제만 전국적으로 확산되는 결과가 나타날 것입니다. 다른 사람을 위하여 지역주민이 희생을 하든지, 또는 지역

주민들을 위해 하류에서 홍수의 위험을 감수해야 할텐데 두 방법 다 좋은 대안은 아닙니다. 그리고 댐을 높인다면 얼마나 더 높여야 하며, 그때 지역 주민 사이의 마찰 또한 해결해야 할 과제가 됩니다. 하천의 본류에 댐을 만들면 하천변 이외의 지역이나 지천에서 일어나는 소규모의 하수도 침수를 막는 방법 또한 강구해야 합니다.

지하수 역시 문제가 됩니다. 우리가 지하수를 사용하려면 사용한 양만큼 빗물은 땅으로 침투시켜야 하는 것이 원칙입니다. 하지만 어디나 할 것 없이 포장도로가 늘어나면서 빗물이 땅에 침투되지 못하니 지하수위가 점점 떨어집니다. 게다가 건기에는 비가 한 방울도 오지 않아 지하수의 고갈이 가속화되고 있습니다. 그렇다면 어떻게 땅속에 빗물을 침투시킬 수 있을까요?

이러한 물 문제는 전 국토에 걸쳐 발생할 수 있습니다. 그런데 지금과 같이 지역주민과의 갈등을 감수하면서까지 댐이나 하천과 같은 대형 사업에만 집중하는 것은 무리가 따릅니다. 또한 이런 사업은 계획부터 건설까지 여러 해가 걸리기 때문에 그 혜택을 볼 때까지 너무 많은 시간이 걸리기도 합니다. 그리고 대형 하천 위주로 막대한 돈을 투자하기 때문에 소형 하천이나 지류에서의 홍수는 그대로 당할 수밖에 없습니다.

물 문제의 근본을 정확하게 파악해서 그에 적합한 시설을 미리 만들어 놓는다든지, 정책이나 제도를 보완하는 방법이 필요합니다. 점점 아열대 기후로 변해가는 우리나라의 수자원 관리방법을 어떻게 대처해야 할까요.

이러한 문제는 지엽적인 부분의 보완에 그쳐서 될 일이 아닙니다.

기본 개념과 패러다임을 바꿔야 합니다. 즉 전 국민이 동참하고 시행할 수 있는 새로운 빗물관리 방법을 도입해야 합니다. 홍수도 가뭄도 빗물 때문에 일어나는 현상이기 때문에 빗물관리만 잘한다면 지금보다 훨씬 피해를 줄일 수 있습니다. 이때 중요한 원칙은, 댐과 같은 집중식 대형 사업을 지양하고 여러 개의 소규모 사업으로 바꾸는 것입니다. 그리고 빗물의 양과 질을 빗물의 발생원 즉 비가 내린 지점에서 모으는 것입니다. 그 구체적인 방법과 효과 등에 대해서는 3장과 4장에 상세히 소개하겠습니다.

 물 값이 기름 값

> 자연재해나 인재에 맞닥뜨려 물이 끊길 때에야 비로소 물이 우리의 일상에 얼마나 소중한 것인지 절감하게 됩니다. 어떤 천재지변 앞에서도 물을 사용하는데 지장이 없는 물 자급률을 미리 미리 검토해야 합니다.

2004년 여름. 미국에서는 대규모 정전사태가 발생한 일이 있습니다. 이로 인해 단수가 되었고 수천 만 명이 물을 쓸 수 없어 고통스러운 시간을 보낸 일이 있습니다. 일본은 지진이 나면 지하에 묻힌 상수관이 터지기 십상이어서 물 공급이 되지 않아 주민들이 큰 불편을 겪기도 합니다. 2008년 서울의 겨울, 어느 때보다 매서운 한파가 몰아닥치면서 수도관이 동파하는 사태가 여기저기서 벌어졌습니다. 인근 주민들은 물이 없어 아무 것도 하지 못한 채 추위에 떨며 급수차의 물을 받아가곤 했습니다.

물은 자연재해뿐만 아니라 인재에 의해서도 발생합니다. 예컨대 수도공급 시스템이 노후화되어 가동되지 않을 수도 있고, 사고나 테러로 수도물이 끊길 수도 있습니다.

우리는 평소 수도꼭지만 돌리면 물이 철철 흘러넘치기 때문에 물이 얼마나 귀하고 소중한것인지 잘 느끼지 못합니다. 하지만 뜻밖의 자연재해나 인재에 맞닥뜨려 물이 끊길 때에야 비로소 물이 우리의 일상에 얼마나 소중한 것인지 절감하게 됩니다. 이렇듯 어떤 천재지변 앞에서도 물을 사용하는데 지장이 없는 물 자급률을 미리 미리 검토해봐야 합니다.

물 자급률이란, 어느 도시에서 일년간 사용하는 물의 총량 중 그 도시 내에서 확보되는 물의 총량의 비율로 정의됩니다.

[물 자급률 = 도시 내에서 확보되는 물의 양 ÷ 도시의 전체 물 사용량]

이때 도시에서 물을 구하는 방법은 지하수 이용을 비롯해 하천이나 호수 등 자체 상수원 이용, 빗물 이용, 하수처리수 재이용 등이 있

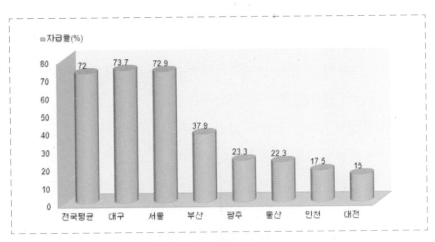

〈우리나라 주요도시의 물자급률〉

습니다.

　우리나라 주요 도시의 물 자급률은 아래 그림과 같습니다. 2005년 현재는 평균 72%의 물 자급률을 보이고 있지만 앞으로 만일 지하수나 자체 상수원이 오염되어 취수가 중단되거나, 광역 상수도가 보급되면 물 자급률이 점점 더 낮아질 것입니다. 물론 물 자급률을 정의하는 방법에 따라 전문가마다 그 수치는 달라질 수 있지만 도시 운영에 필수적인 물의 일부를 외부로부터 의존하는 비율이 높다는 내용은 동일합니다. 이때의 외부란 외국이 될 수 있습니다. 물을 외국에 의존한다는 것은, 석유를 의존하는 것 이상으로 우리의 생활을 심각하고 중대하게 좌지우지할 것입니다.

　싱가포르의 경우를 일례로 들어보겠습니다. 서울과 비슷한 면적의 도시국가인 싱가포르는 수원지로 이용할만한 제대로 된 하천이 없습니다. 그야말로 물 자급률이 0%입니다. 때문에 싱가포르에서는 말레이시아와 연결된 파이프를 통해 물을 수입하고 있습니다. 생존에 필수적인 물을 외국에 의존하고 있는 이 나라의 최대 고민은 말레이시아와의 물 공급에 관한 것입니다. 2061년에 최종적으로 계약이 만료되는데, 그동안 계약을 연장하기 위해 수차례 협상을 벌였지만 별다른 합의점을 찾지 못했기 때문입니다.

　이렇게 싱가포르처럼 물 공급을 외부에 의존하는 도시는 평소에는 문제가 없을지 모르지만 만일의 사태에 물 공급이 중단되면 그야말로 도시의 존립 자체가 어려워질 것입니다. 2008년에 열린 〈세계미래회의〉에서는 '10년 안에 물 값이 기름 값이 된다'고 경고했습니다. 어쩌면 머지않은 미래에 물 때문에 전쟁이 일어날지도 모릅니다.

물론 그런 날이 오지 않도록 미리미리 대비를 해야겠지요.

다행히 우리나라는 물의 자급자족이 가능하기 때문에 전체적으로 보면 물 자급률은 100%라고 할 수 있습니다. 하지만 이 수치는 도시의 경우를 일컫는 것일 뿐, 섬이나 일부 산간 지역 등에서는 물 자급률이 낮은 곳이 많습니다. 그래서 다른 지역으로부터 물을 공급받고 있습니다. 이를 위해 관로를 묻고 운송하는데 비용이 들어가는 것은 물론이고, 자연재해나 인재 등으로 인해 물을 공급받지 못할 수도 있기 때문에 문제가 될 가능성이 있습니다.

그렇다면 이런 지역에서 어떻게 해야 물 자급률을 높일 수 있을까요. 간단합니다. 물 사용량을 줄이거나 자체 공급량을 늘리면 됩니다. 물 사용량을 줄인다는 것은 당연히 물을 절약한다는 뜻입니다. 그리고 자체 공급량을 늘리기 위해서는 빗물이용 시설이 필요합니다.

특히 섬 지방은 물 자급률이 무척 낮아서 주민들이 많은 불편을 겪고 있습니다. 섬 지방을 관광지로 개발하려 해도 가장 큰 걸림돌이 되는 것이 물 문제입니다. 이런 곳에서 빗물을 이용한다면 그 불편이 훨씬 줄어들 것입니다.

신도시를 건설할 때도 마찬가지입니다. 도시계획을 할 때부터 주민의 편리하고 쾌적한 생활을 위해 물 자급률을 가장 우선적으로 고려하여 설계해야 할 것입니다. 설계 당시부터 빗물이용을 고려하면 별도로 비용이 많이 들지 않습니다. 가령 도시의 어느 곳을 파도 지하수가 펑펑 나올 수 있도록 하고 외부의 물 공급이 끊어져도 며칠 동안은 문제없이 버틸 수 있게 한다면, 그곳은 누구나 살고 싶은 최고의 도시가 될 것입니다. 또한 부수적으로 비가 올 때 빗물을 잡아주어 하류 도시에 홍수발생 위험도를 증가시키지 않기 때문에 일석이조의 효과가 있습니다.

사실 경제성을 생각하면 물 자급률을 무작정 높일 수만은 없습니다. 따라서 지역의 특성을 고려하여 목표치를 만들고 그에 맞는 정책을 만들 필요가 있습니다. 이때에는 앞으로 나타날 전 세계적인 기후변화와 유가상승, 시설의 노후화 등도 함께 고려해야 할 것입니다. 가장 중요한 것은 우리나라의 기후 특성을 고려해야 한다는 것입니다. 어쨌거나 가능한 방법을 모두 동원해 필요한 물 자급률을 확보하는 방안을 만들어 두되, 가장 효율적인 방법이 무엇인지 고민해봐야 합니다. 저로서는 그 고민의 중심에 빗물이 놓이기를 바랍니다.

3장

빗물, 어디에 이용할 것인가

빗물이 아무리 깨끗하고 안전하다는 것을 알고 있다 해도 빗물
을 이용해야 하는 이유에 대해 알고 있다 해도 그것을 실제로
이용하지 않으면 전혀 소용이 없습니다.
이 장에서는 빗물을 우리 삶에서 어디에 어떻게 이용할 수 있
는지 그리고 어떤 효과를 거둘 수 있는지 살펴보겠습니다.

🌂 고층빌딩 밑에서 벌어지고 있는 일

> 거의 모든 빌딩에서 이런 식으로 지하수를 뽑아내버리니 지하수위가 내려가고 하천이 메마르며 생태계가 파괴되는 것이 당연합니다.

여기 두 아이가 있습니다. 엄마가 하나의 잔에 주스를 따라주고 빨대 두 개를 주면서 마시라고 합니다. 두 아이는 처음엔 사이좋게 주스를 마실 것입니다. 그런데 이런, 주스 잔이 어느덧 바닥을 보이기 시작합니다. 그러자 두 아이는 서로 더 많이 마시려고 다투기 시작합니다. 두 아이는 조금이라도 자기 빨대를 더 깊이 넣고 마시려고 합니다. 자, 이럴 때 엄마는 이 싸움을 어떻게 해결해야 할까요. 여러분이라면 어떻게 하시겠습니까. 방법은 두 가지입니다. 주스를 충분히 더 보충해주거나 또는 주스 잔의 바닥이 보이면 이제 그만 마시도록 하는 것이지요.

이런 이야기를 꺼내는 것은 우리나라의 심각한 지하수 부족과 하천이 메마르는 현상에 대해 설명하기 위해서입니다. 지하수가 부족해지는 원인은 간단합니다. 서로 경쟁적으로 뽑아 쓰기 때문입니다. 지하수가 부족하니 당연히 하천으로 흘러갈 물이 없어 하천이 메마르는 것입니다.

비교적 물이 풍부했던 농촌에 가 봐도 요즘은 지하수가 예전보다 더 깊이 파야 나온다고 합니다. 근처에 공장이라도 생기면 이러한 현상은 더 극심해집니다. 이런 일이 계속 벌어진다면 우리 다음 세대는 더욱 더 깊이 파야 할 것입니다. 뿐만 아니라 혹시 정전이 되거나 국제유가가 오르면 지하수를 퍼 올리지 못할 수도 있습니다.

그렇다면 지하수를 더 확보하는 방법은 무엇일까요? 주스를 더 마시려고 싸우는 아이들에게 주스를 보충해주었듯이 지하수를 보충해주면 됩니다. 빗물을 지하에 침투시켜주면 됩니다. 퍼 쓰는 양보다 더 많이 공급해주면 됩니다. 그러자면 어느 한 곳에만 빗물침투 시설을 설치한다고 해서 될 일이 아닙니다. 전 유역에 걸쳐 골고루 설치해야 합니다.

지하수를 고갈시키는 또 다른 주범은 도시의 고층 빌딩입니다. 빌딩이 지하수를 빨아들이기라도 하냐고요? 차라리 안으로 빨아들여 어딘가에 모으기라도 하면 좋을 것입니다. 오히려 이 빌딩들은 지하수를 밖으로 뽑아내버립니다. 그 원리를 살펴보겠습니다.

나무가 클수록 뿌리가 깊듯이 건물이 높을수록 지하도 깊어지겠지요. 깊어질수록 지하층의 방수를 해야 합니다. 이를 위해 흔히 사용하는 공법은 지하벽면 주위를 차단하고 지하수를 한 곳에 모아 집수정 펌프로 뽑아내 하수도로 내보냅니다. 도시에 빌딩은 한 두 채가 아닙니다. 거의 모든 빌딩에서 지하수를 뽑아내버리니 지하수위가 내려가고 하천이 메마르며 생태계가 파괴되는 것은 당연한 일입니다. 오랜 시간이 지나면 지하수 라인은 도시에서 가장 깊은 건물의 바닥과 같은 높이까지 내려갑니다. 즉 도시의 모든 지하수위가 떨어지게 되는 것입니다. 도시에 수많은 빌딩이 들어서면서 눈에 보이는 도시의 스카이 라인이 훼손되는 것은 신경을 쓰지만 눈에 보이지 않는 지하수 라인에 대해서는 누구도 신경을 쓰지 않는 것 같습니다.

그렇다면 이 문제를 어떻게 해결해야 할까요. 다시 두 아이를 등장시켜 보겠습니다. 두 아이의 주스 잔이 바닥이 보이기 시작하면 더 이상 그 이하로는 빨대를 집어넣지 못하도록 해야 합니다. 건물도 마찬가지입니다. 물론 개별적인 건물에서 어느 수위 이상으로 지하수를 유지하려면 지하층의 방수비용이 들 수 있습니다. 하지만 지하수위가 떨어져 하천이 마르고 인간과 생태계가 파괴된 후 복구에 필요한 비용보다는 훨씬 적습니다. 이 정도는 원인자 부담 원칙에 따라 건물주가 책임을 지는 방법도 있습니다.

중앙정부나 지자체 정부의 건축 관련 부서에서도 이에 관한 정책을 마련해야 합니다. 즉 건축을 할 때 지하수위의 하강을 고려하여, 그 건물 때문에 지하수위가 떨어지지 않도록 법으로 정하자는 것입니다. 이를 위해서는 건물을 계획하고 시공하고 운영할 때 지하수위를 항상 체크해야 합니다.

독일 베를린 시의 중앙역사 건설현장에 가 본 적이 있습니다. 건물의 지하층을 짓는데, 우리나라처럼 물을 다 뽑아내고 공사를 하는 것이 아니라, 지하수 수위를 자연 상태 그대로 유지하면서 잠수부를 동원해 지하층을 건설하고 있었습니다. 불편을 감수하고 그렇게 하는 그들의 공법이 부러웠습니다. 그것은 지하수도 자연의 일부이며 이를 훼손시켜서는 안된다는 철학을 갖고 있기에 가능한 일이었습니다.

우리나라에서는 지하철이나 터널에서 나오는 물을 새로운 수자원이라 생각하고 이를 물관리 계획에 적용하는 경우가 있습니다. 하지만 그 물은 갑자기 어디서 무상으로 풍풍 솟아나는 것도 아니고, 아무리 퍼 써도 마르지 않는 화수분도 아닙니다. 지하철의 위쪽 지층에 있던 지하수가 새어나온 것일 뿐입니다. 도시 전체의 지하수위가 떨어지고 하천의 물이 말라버린 이유가 바로 지하철이 생긴 후 거기서 빠져나온 물이기 때문에 좋아할 이유가 전혀 없습니다. 사실 알고 보면 우리 모두는 알게 모르게 지하에 빨대를 꽂아놓고 경쟁적으로 지하수를 퍼내는데 직·간접적으로 참여하고 있는 셈입니다.

이 문제의 해결은 간단합니다. 빗물을 잘 관리하여 지하에 침투시키고 지하수위를 늘 모니터링하여 관리하면 됩니다. 물론 여기에는 예산이 투입되어야 하고, 관련 조례를 정해 시행해야 한다는 과제가 따르게 됩니다. 이는 모든 시민이 원하면 가능해지는 일일 수 있습니다.

"물이 부족한 제주도에 봉천
수터를 마련해 여러 병환을
미리 막을 수 있었나이다."

우리나라처럼 하천이 말라가는(건천화) 현상은 다른 국가에서는 잘 나타나지 않습니다. 우리나라는 지형과 강우 조건상 물 관리가 무척 어려운데, 우리와 같은 문제점에 처해 있는 나라가 별로 없기 때문입니다. 그러므로 이 문제는 우리가 풀어야 할 우리의 문제입니다. 모든 시민들이 지붕으로부터 하수도로 연결된 홈통의 빗물을 하수도로 그저 흘려보낼 것이 아니라, 탱크에 저장하거나 지층에 침투시키는 시설을 설치해야 합니다. 그리고 그것은 생각만큼 어렵지 않습니다. 누구나 의지만 있으면 얼마든지 실천할 수 있는 일입니다. 바로 지금 말입니다.

〈제주 봉천수터〉

☔ 우리나라 지하수는 화수분인가

지하수는 홍수와 같은 재해와 달리 그 영향이 눈에 띄게 드러나지 않기 때문에 누구나 별로 신경 쓰지 않는 것이 사실입니다. 하지만 지금 나타나는 그 결과를 한 번 보십시오.

독자 여러분 중에 화수분이 무엇인지 모르는 사람은 거의 없을 것입니다. 화수분이란, 아무리 꺼내 써도 재물이 계속 나오는 요술 항아리를 일컫는 것입니다. 이런 항아리 하나만 있다면 평생 돈 걱정 없이 죽을 때까지 펑펑 쓰다 갈 수 있을 것입니다. 그런데 우리나라 정책 결정자나 시민들은 우리나라의 지하수가 바로 이 화수분이라고 생각하는 것 같습니다. 몇 해 전 국정감사 자료를 보니, 우리나라의 지하수위가 전국적으로 2m 가량 낮아진 것으로 나타났습니다. 그런데도 정부에서는 지하수 수질이 나빠지고 수위가 떨어지는 것만 측정할뿐, 그것의 심각성을 깨닫기는 커녕 지하수를 보충하기 위한 정책은 전혀 고려하지 않는 것 같습니다.

어떤 나라에서는 지하수위를 유지하기 위해 궁여지책으로 하수를 처리한 물이나 강물을 강제로 지하에 집어넣는다고 합니다. 그런데 다행인지 불행인지 우리나라는 매년 400억 톤 가량의 깨끗한 빗물을 바다로 내버리고 있습니다. 이렇게 버려지는 물의 2%만이라도 매 년

〈지하수 관리의 개념도 - 쓰는 만큼 빗물로 보충하여야〉

지하수로 채워 넣는다면, 현재 모자라는 물의 양을 충분히 보충할 수 있습니다.

그런데 빗물을 구체적으로 어디에 채워 넣으면 좋을까요. 바로, 지층의 공극(빈 공간)을 이용하는 것입니다. 이 공극은 수만 년 전부터 만들어져 있던 천연 빗물 저장조라고 할 수 있습니다. 자연이 무료로 만들어준 거대한 규모의 그릇인 셈입니다. 이 그릇만 충분히 활용하면 됩니다. 그렇다면 지하수를 늘 일정한 수위로 유지하기 위한 구체적인 방안은 무엇인지 알아보겠습니다.

(1) 쓰는 만큼 집어넣는다.

건물이나 도시에서, 그리고 새로 개발하는 아파트 단지나 도로에서 지하수를 사용하면 그 양만큼 다시 침투시켜야 합니다. 그리고 지역 단위로 지하수위를 계속 감시하여 일정 수위 이하로 내려가지 않도록 하는 것입니다. 이때 필요한 것이 무엇이겠습니까. 네, 바로 빗물침투 시설입니다. 지역의 특성에 따라 그 지형조건에 맞춰 여러 가지 방법으로 빗물을 모으고 빗물침투 시설을 만드는 것입니다. 또는 자연적인 방법으로서, 사용하지 않는 논을 메워버릴 것이 아니라 논에 물을 담아두도록 하는 방법도 있을 것입니다. 이것을 천연적인 빗물침투 시설이라 합니다.

(2) 비가 떨어진 장소에서 침투시킨다.

비가 흘러가 더러워지기 전에 빗물이 떨어진 바로 그 자리에서 빗물을 받아 지하에 침투시키면 달리 어떤 처리를 할 필요도 없고, 지하수가 오염될까 걱정할 필요도 없습니다. 이때 중요한 것은, 빗물을 수송하는 하수관로의 규모를 줄여주어서 경제성을 높이고 홍수에 대한 안전성도 높일 수 있다는 사실입니다.

(3) 생각하면서 집어넣는다.

빗물을 지층에 침투시킨다고 해서 다 들어가는 것은 아닙니다. 이는 마치 아무리 주량이 센 사람이라 해도 많은 양의 술을 한꺼번에 마시지 못하는 것과 같습니다. 따라서 빗물 침투시설은 홍수 방지에는 효과를 발휘하지 못합니다. 특히 우리나라처럼 여름에 집중호우가 쏟아지는 경우엔 이것을 다 침투시키기 위해서는 이에 맞는 가장 적합한 방법을 선택해야 합니다. 즉, 우리나라의 강우특성에 맞고 해당 지역의 특성에 맞추어 침투효과가 가장 좋은 방법을 생각하면서 만들어야 합니다. 물론 이에 대한 연구는 앞으로 충분히 이뤄져야 할 것입니다.

어떤 일이 성사되기 위해서는 제도나 정책이 뒷받침되어야 하고, 자율성도 좋지만 어느 선에서 의무감을 부여해주는 것도 필요합니다. 지하수위를 보전하는 일에도 사회 각 부분에 각자의 임무를 부여해주는 것이 필요합니다. 다음과 같이 말입니다.

개인 퍼 쓰는 만큼 집어넣는다.

개인이 지하수를 퍼 쓰는 것은 좋지만, 사용한 양만큼 다시 집어넣어주어야 합니다. 물론 빗물을 받아 침투시설을 통해서 말입니다.

개발 사업자 불투수면의 증가를 책임지게 한다.

우리나라 대도시는 유난히 불투수면(물이 침투하지 못하는 표면)이 많습니다. 말하자면 건물이나 도로, 공장, 단지 등을 만들 때 불투수층 포장으로 모두 덮어 지하로 빗물이 침투하지 못하게 합니다. 어떤 일에 책임을 져야 한다면 당연히 원인을 제공한 사람이 져야겠지요. 그렇다면 이 문제에서도 개발 사업자가 당연히 책임을 져야 할 것입니다. 이때에도 물론 빗물 침투시설이 필요합니다. 그런데 어느 한 두 곳이 아니라 전체 면적에 침투시켜야 하므로 작은 규모의 시설을 여러 개 만드는 것이 중요합니다.

정부 인공적으로 복구한다.

현재 지하수위가 전국적으로 떨어지고 하천이 메마르게 된 것은 개인이나 업자의 문제도 있지만 정부 또한 그 책임에서 완전히 자유롭지는 못합니다. 지금까지 정부가 지하수 관리를 합리적으로 하지 못한 결과입니다. 이처럼 부족해진 지하수는 정부가 책임지고 가장 경제적인 방안을 이용하여 복구해야 합니다. 현재의 지하수위를 측정하고, 복구의 목표치를 정하여 매년 그 목표치만큼 도달하는지 점검하면서 10년이든 20년이든 계속해서 집어넣어야 할 것입니다. 지하수는 한 번 빼서 쓰는 것은 쉬우나 다시 집어넣기는 매우 어려운 일입니다.

침투시설 설치자 보상해준다.

어떤 일을 장려하기 위해서는 그에 상응하는 대가로 보상해주는 것이 효과적입니다. 이는 아이들에게만 해당되는 일이 아닙니다. 개인이든 업자든 빗물 침투작업을 시행한 이에게 정부가 그에 마땅한 보상을 해주는 것이지요. 예를 들면, 농민이 농사를 짓지 않더라도 논에 빗물을 가둬 침투시키는 역할을 충분히 해준다면 그만큼 보상해주자는 것입니다. 물론 유휴 농경지를 이용하여 물을 가두어주는 농민에게도 그에 대한 보상을 해주면 좋을 것입니다. 정부에서 돈을 들여 해야 할 일을 대신해주기 때문이지요.

지하수는 홍수와 같은 재해와 달리 그 영향이 눈에 띄게 드러나지 않기 때문에 누구나 신경 쓰지 않는 것이 사실입니다. 하지만 지금 나타나는 그 결과를 한 번 보십시오. 전국적으로 하천은 메마르고 가뭄이 빈번하게 발생하며, 양수동력이 증가하고, 짠물이 유입되는 등 여러 가지 부작용이 드러나고 있습니다. 폭염이나 산불도 이와 무관하지 않습니다.

이런 모든 증상들을 치료하기 위해서는 잘 계획된 장기적인 처방과 치료가 필요합니다. 그것은 두 말할 것도 없이 바로, 빗물입니다.

☔ 도시 하천은 목마르다

요즘 많은 도시에서 이에 대한 대책으로, 하류에서 강물이나 하수 처리수를 펌프로 끌어 올려 하천에 물을 흐르게 하고 있습니다.

앞의 글을 읽은 여러분 중에는 빗물을 침투시켜 지하수와 하천수를 풍부하게 하는 일이 이론에 불과하다고 생각할지도 모릅니다. 하지만 저는 실제로 이런 일을 했습니다.

서울대학교 안에 있는 관악산 계곡에는 소규모의 댐이 설치되어 있습니다. 여기 모인 물은 산에 떨어진 빗물이기 때문에 어느 모로 보나 무척 깨끗합니다. 이 계곡물이 넘치면 하수도를 통해 하수 처리장으로 흘러들어갑니다. 어떤 처리도 할 필요가 없는 깨끗한 물이 하수로 취급되는 것입니다. 이럴 때 하수 처리장은 처리해야 할 용량이 많아지니 효율성이 떨어지고, 그 비용은 우리가 낸 세금으로 충당합니다.

그렇게 빗물이 속절없이 낭비되는 것이 너무 아까워 그 중 일부를 활용해 보았습니다. 직경 25mm의 작은 관을 계곡에 연결해 캠퍼스 잔디밭에 있는 용량이 100m³ 정도 되는 연못으로 흘려보낸 것입니다. 계곡의 댐과 연못의 높이 차이가 약 20m 정도 되기 때문에 별다른 동력장치가 없어도 매일 60톤 정도의 물을 콸콸 흘려보낼 수 있었습니다. 이때 들어간 비용이 얼마나 됐을까요. 관로 설치비용으로 약 100만 원밖에 들지 않았습니다.

그런데 만일 이 연못을 수돗물로 모두 채운다면 비용이 얼마나 필요할까요? 아마 하루에 10만 원 어치 정도는 들어갈 것이니 엄두도 내기 힘들 것입니다. 하지만 빗물을 이용하면 10일 만에 공사비를 회수할 수 있을 뿐만 아니라 1년이면 무려 3,650만 원을 절약할 수 있습니다. 별다른 동력이 필요하지 않기 때문에 100년이고 1000년이고 사용할 수도 있습니다.

그리고 만일 태풍이나 큰 비가 내린다는 예보가 있으면 미리 이 연못을 비워놓아서 하류로 흘러가는 빗물의 양을 줄여준다면 약간이나 하류의 홍수를 방지할 수도 있습니다. 물론 연못의 규모가 크면 클수록 하류의 홍수 피해는 줄어들 것입니다. 그 뿐인가요. 여름에 한창 더울 때 연못의 물을 잔디밭에 뿌리면 조금 시원해지기도 하고 캠퍼스 근처의 생태계에도 많은 도움을 줄 수 있습니다.

그런데 이 연못을 설치해놓고 가만히 살펴보니 깜짝 놀랄만한 일이 있었습니다. 하루 약 50톤 정도의 물이 없어진다는 사실입니다. 혹시 누가 연못의 물을 퍼간 걸까요? 혹은 공중으로 증발했을까요? 아닙니다. 연못의 물은 100m² 정도 되는 연못 바닥으로 스며들어 땅 속에 침투한 것입니다. 지하수위가 그만큼 많이 떨어져 있기 때문입니다.

옛날에는 땅을 조금만 파도 금방 물이 솟아 올라왔습니다. 하지만 지금은 점점 더 깊은 곳을 파내려가야 겨우 지하수를 조금 얻을 수 있을 뿐입니다. 이대로 가면 미래에는 아무리 땅을 파도 지하수가 절대 나오지 않을 수도 있습니다.

지하수가 부족하니 하천이 메마르게 된다는 것은 앞에서 충분히 설명했습니다. 그런데 요즘 많은 도시에서 이에 대한 대책으로, 하류

에서 강물이나 하수 처리수를 펌프로 끌어올려 하천에 물을 흐르게
하고 있습니다. 무슨 유행처럼 이렇게 하는 곳이 많아졌습니다. 하지
만 이러한 시설을 가동하기 위해서는 유지 관리비가 적잖이 들어갑
니다. 만일 고장이라도 난다면 보수비도 필요할 것입니다. 그에 반해,
빗물 침투시설은 한번 설치해놓기만 하면 별다른 유지 관리비를 사용
할 필요 없이 저절로 하천에 물이 흐르게 할 수 있습니다.

　그런데 100m² 넓이의 연못에 그러한 물의 흡수 능력이 있는 것을
보니 또 다른 가능성이 엿보입니다. 별도의 비용을 더 들여 연못을 더
파지 않더라도 많은 물을 모을 수가 있겠다는 생각이 든 것입니다. 넓
은 땅 밑에 있는 토양층 전체를 빗물 모으는 그릇으로 보고 여기에 빗

물을 모으기만 하면 됩니다. 이때 필요한 것은 다만 빗물 침투 시설뿐입니다.

이렇게 되면 지하수는 천천히 하천으로 흘러가 사시사철 깨끗한 물이 흐르게 될 것입니다. 도시의 하천은 말라 있습니다. 하천이 메마르면 생태계가 죽고 생태계가 죽으면 사람이 살기 힘들어집니다. 그러므로 빗물을 이용하는 것은 곧 사람을 살리는 일입니다.

산 속의 활엽수는 물도둑

비가 오면 바위에 내린 빗물은 빨리 흘러나가는 반면, 흙에 떨어진 빗물은 그 지층에 있는 빈 공간(공극)에 물을 담아두었다가 천천히 계곡으로 흘려보냅니다. 말하자면 지층은 빗물을 모으는 그릇이라고 할 수 있습니다.

몇 해 전 저는 관악산에 있는 관음사를 방문한 적이 있습니다. 사찰에서의 빗물 모으기 시범사업에 대해 논의하기 위해서였습니다. 그런데 주지스님이 이런 말씀을 하셨습니다. 20년 전에는 비가 한 번 오고 나면 계곡에 10일 정도 물이 흘렀는데 요즘은 3-4일, 어떤 때는 겨우 2-3일 정도 흐르고 만다고 말입니다. 그런데 이러한 현상에 대한 주지스님의 의견이 새로웠습니다. 사찰의 상류지역은 하류와 달리 사람의 손길에 크게 훼손되지 않았는데도 왜 계곡물이 이렇게 잠깐 흐르다 마는 걸까 생각해보니, 예전과 다른 점은 단 하나, 산 속의 나무가 더 크게 자라서 울창하게 되었다는 것입니다.

왜 그럴까요? 주지스님의 말씀을 듣고 산 속의 나무와 물의 관계에 대한 가설을 한 번 세워보았습니다. 먼저 밝혀둘 것은, 이 가설은 전문가의 검증을 받아야 하고, 그것을 정량화하고 문제를 해결하기 위한 연구와 시책은 당연히 산과 나무 전문가의 몫입니다만, 저는 우선 하나의 가설을 세워보았습니다.

우리나라의 산은 대개 그 밑이 암반으로 이루어져 있고 그 표층에 약간의 흙이 덮여 있습니다. 비가 오면 바위에 내린 빗물은 빨리 흘러나가는 반면, 흙에 떨어진 빗물은 그 지층에 있는 빈 공간(공극)에 물을 담아두었다가 천천히 계곡으로 흘려보냅니다. 말하자면 지층은 빗물을 모으는 그릇이라고 할 수 있습니다. 그런데 그 흙 속에 나무가 뿌리를 내리고 있어서 흙이 쓸려 내려가지 않게 잡아주고 있습니다. 말하자면 서로 공생관계에 있는 것입니다.

나무가 뿌리에서부터 땅에 있는 물을 흡수해 살아간다는 것은 누구나 다 아는 상식입니다. 이것을 전문용어로 증발산(transpiration)이라고 하지요. 그렇다면 나뭇잎이 넓거나 많을수록 증발산의 양이 많아지리라는 것은 쉽게 유추할 수 있는 일입니다.

그렇다면 그 총량을 한 번 계산해 볼까요. 즉 나무의 이파리 한 개가 일년간 뿜어대는 물의 양(그램/잎)에 이파리의 숫자를 곱하고, 전체 나무의 수를 곱하면 산에 있는 나무가 일년간 하늘로 뿜어대는 물의 양이 나옵니다(그램). 그렇다면 나무의 역할은 땅에 있는 물을 하늘로 뿜어대는 펌프와 같다고 할 수 있습니다. 잎이 넓은 활엽수는 용량이 큰 펌프, 침엽수는 용량이 작은 펌프인 셈입니다. 산에 있는 모든 나무들이 그러한 역할을 하기 때문에 새로 나무를 심을수록, 또는 매년 나무의 크기가 커질수록 저절로 펌프의 용량이 커지는 것입니다. 그

럴수록 당연히 흙이 물을 보관하는 양이 줄어들고 계곡으로 흘러가는 양 또한 줄어들 수밖에 없습니다.

우리나라의 강우 특성상 여름을 제외하고 다른 계절에는 비가 많이 오지 않습니다. 특히 봄철에는 땅 속의 물그릇이 많이 비어있는 상태입니다. 게다가 봄에는 나무가 한창 자라기 위해 가장 많은 물을 왕성하게 뽑아 올립니다. 봄철에 채취하는 고로쇠수액을 보면 뿌리가 빨아들이는 물의 양이 얼마나 엄청난지 알 수 있습니다. 그렇기 때문에 땅이 건조할 수밖에 없고 계곡물이 마를 수밖에 없습니다. 그대로 두면 매년 나무가 커지고 이파리가 많아지기 때문에 더 위험해질 것입니다.

여기서 한 가지 생각해봐야 할 것이 있습니다. 우리나라 산이나 강우의 특성이 지금과 크게 다르지 않은 채 수만 년을 살아왔고 또 최근 30년 전까지만 해도 금수강산이라는 말이 어색하지 않게 물이 풍부했습니다. 그런데 왜 하필 최근 들어 이런 문제가 생겨났을까요? 그 해답의 열쇠는 우리의 옛 산수화에 있습니다. 혹시 여러분 중에 산수화를 갖고 계신 분이 있거든 자세히 살펴보십시오. 산을 그린 풍경화 속에는 대개 소나무나 잣나무와 같은 침엽수가 그려져 있는 것을 발견할 수 있을 것입니다. 우리 조상들은 침엽수를 많이 심을수록 계곡에 물이 풍성히 흐른다는 것을 경험을 통해 알았던 것입니다.

저의 이와 같은 가설이 맞는다면 해결책은 간단합니다. 결국 작은 그릇에 담겨 있는 물을 큰 펌프가 뽑어내는 것이니, 그릇을 크게 만들거나 펌프의 용량을 줄이는 것입니다. 그런데 흙은 아주 오랜 시간을 걸려 풍화되어 만들어진 것이기 때문에 흙(그릇)의 양을 늘리는 것은 불가능합니다. 하지만 요령을 잘 살리면 빗물을 모으는 그릇은 인공적으로 만들어낼 수 있습니다. 예컨대, 산 속에 아주 작은 댐을 여러 개 만든다든지, 또는 터널을 만들어 빗물을 모아두는 것입니다. 물이 일시적으로 내려가지 않도록 산의 등고선을 따라 흙으로 20-30cm 정도의 턱을 만들어두는 방법도 있습니다.

또 하나의 방법은 산에 활엽수 보다 침엽수를 심는 것입니다. 그리고 침엽수도 가능한 밑둥의 잔가지는 모두 잘라주고 윗부분에만 잎이 자라게 해주는 것입니다. 어느 외국의 침엽수가 그렇게 관리되어 자라는 것을 본 적이 있고, 우리나라 오대산 부근에서도 소나무나 전나무와 같은 침엽수림을 본 적이 있습니다. 그리고 별다른 경제적 효과가 없는 나무는 과감히 잘라내는 것도 조심스럽게 제안해봅니다. 물론 산만을 위해서라면 산에 어떤 나무를 심어도 상관이 없지만, 산 밑에 강물이 흐르게 한다든지 사람들이나 생태계를 위하여 산에서 좀 더 효과적인 물 절약형 나무 관리가 필요합니다.

외국에서는 물 절약형 조경방법이 많이 실시되고 있습니다. 즉 물이 부족할 것에 대비하여 물을 조금만 주어도 예쁘게 잘 사는 나무들로 조경을 하는 것이지요. 특히 사막이나 준 사막지역에 사는 나무들 중에 이런 것들이 많습니다. 이전까지 조경의 개념은 물 섭취량에 관계없이 미적인 관점에서만 나무를 심어온 것이 사실입니다. 하지만 이젠 물이 부족하고 물 값이 비싸지다 보니 물을 안주거나 조금만 주어도 잘 살 수 있는 나무를 심는 것이 현명한 방법으로 여겨집니다.

메마른 하천을 방지하기 위해 최대한 빗물을 많이 모을 수 있으면서 하늘로 적게 물을 발산하는 나무를 심읍시다. 우리나라에서 증발

산 양으로 추정한 값의 1%만 줄여도 정부에서 예측한 물 부족량 정도
는 확보할 수 있을 뿐만 아니라 마른 하천과 거기 살던 동식물도 함께
살릴 수 있습니다.

관악산 화기(火氣), 빗물로 다스린다

관악산에서 발원하는 물은 도림천으로 흘러갑니다. 그런데 도림천은 여름 장마철만
빼고 일년 내내 메말라 악취가 날 정도입니다.

서울 광화문 경복궁 앞에는 돌로 만든 두 개의 해태상이 있습니다.
해태는 불을 먹고 산다는 상상 속의 동물인데, 조선 초기 서울에 도읍
을 정할 때 경복궁을 세우면서 함께 세운 것이라고 합니다. 그런데 다
른 것도 아닌 해태상을 왜 이곳에 세워놓았을까요. 왜냐하면 저 멀리
남쪽 앞에 보이는 관악산의 불기운을 막기 위해서랍니다. 해태는 물
을 상징하는 동물이기 때문입니다.

얼마 전 광화문 복원공사를 하느라 잠시 경복궁 내 창고에 보관되
어 있던 해태상은 당초 예정보다 훨씬 빨리 제자리로 돌아왔습니다.
거기에는 재미있는 뒷이야기가 있습니다. 해태상을 치운 이후 숭례문
이 불에 타고, 정부중앙청사에 화재가 일어났기 때문입니다. 믿거나
말거나 한 이야기지만 21세기 첨단과학 시대를 살아가는 요즘 사람
들에게도 해태가 불을 다스려줄 것이라 믿는 심리가 내재해 있는 것
같습니다.

사실 과학적으로만 따지자면, 넓은 서울에 있는 조그만 돌조각상

하나가 불을 방지하는데 무슨 도움이 되겠습니까. 단지 백성들로 하여금 이 해태상을 바라볼 때마다 불 관리와 더불어 물 관리를 잘해야겠다는 경각심을 안겨주기 위해 세운 것이라 생각합니다.

그런데 지금 우리는 과연 불과 물 관리를 잘 하고 있는지 점검할 필요가 있습니다. 낙산사 화재와 국보 제 1호인 숭례문이 불타버린 것만 봐도 우리의 불 관리, 물 관리가 얼마나 허술한지 짐작할 수 있습니다. 그 뿐아니라. 에너지 소비율과 비효율성은 세계 최고입니다. 모든 사회 시스템과 생활 습관이 에너지를 많이 쓰는 방향으로 설정되어 있습니다. 여름에 그토록 많이 오는 비는 다 흘려버리면서 정부가 앞장서서 근거도 불분명한 '우리나라는 물 부족 국가'라고 목청을 높입니다. 빗물 관리처럼 비용이 적게 드는 방법은 도외시 한 채 비용이 많이 드는 방법만을 고집하며, 큰 비만 오면 홍수로 고통을 받고 있습니다.

자, 그렇다면 조상들이 물려주신 해태상의 교훈을 생활 속의 실천으로 옮겨, 관악산의 화기를 달래기 위해서 우리가 해야 할 일은 무엇일까요. 에너지 절약형의 사회기반 시설이나 친환경적인 시설을 설치하고, 무엇보다 빗물을 잘 모아 활용해야겠습니다.

관악산에서 발원한 물은 도림천으로 흘러갑니다. 그런데 도림천은 여름 장마철만 빼고 일년 내내 메말라 악취가 날 정도입니다. 하지만 비가 조금이라도 많이 오면 또 금방 홍수가 나서 주변에 많은 피해를 주곤 합니다.

이와 같은 현상의 원인은 무엇일까요 바로 도림천 상류 지역의 난개발 때문입니다. 서울대학교 측에서는 이 부분에 일부 공감을 하고 빗물관리를 실천해야 합니다. 즉 캠퍼스 내 모든 신축건물에 빗물 저장조를 설치하고, 지층에 빗물 침투를 고려한 친환경적인 캠퍼스 조성을 적극적으로 추진하는 것입니다.

관악구 측에서도 새로 지은 구청사에 빗물이용 시설을 설치한다든지, 관악산 내에 여러 가지 빗물이용 시설 설치를 구상하는 등 도림천을 살리기 위해 적극적으로 노력하고 있습니다. '건강한 도림천을 만드는 주민 모임'에서도 각 가정에 빗물 침투시설을 설치해 도림천을 살리려는 장기적인 계획을 갖고 실천에 옮기고 있습니다. 이처럼 도림천을 살리기 위한 각계의 노력이 꾸준히 이어진다면 더디지만 언젠가는 도림천에 맑고 건강한 물이 풍성히 흐르는 날이 올 것입니다.

청계천은 현재 서울 시민들의 도심 속 휴식처로 사랑받고 있습니다. 세계적인 토목, 조경 및 도시계획 분야의 전문 기술자나 행정가는 물론 일반 외국인들까지도 서울에 오면 한번쯤은 청계천에 가보곤 합니다. 하지만 청계천은 보기 좋은 만큼 많은 맹점을 갖고 있습니다. 관 위주의 사업이고, 비용이 많이 들었으며, 무엇보다 물을 끌어오는 방법이 전혀 자연적이지 못합니다. 즉 인공적으로 물을 흘려보내는 형태입니다. 더욱이 하천 제방을 콘크리트 옹벽으로 발라버려서, 장마철이면 비가 10분만 넘게 내려도 홍수가 발생해 그 수위가 사람 키

만큼 높아져 버립니다.

전국의 많은 지자체들이 지천을 복원할 때 청계천을 모델로 삼고 싶어합니다만, 이러한 방법으로 지천을 복원하는 것은 바람직하지 않습니다. 하천을 복원하고 관리하는 데는 민과 관이 힘을 합하여 돈이 적게 들고, 자연적으로 물이 흐르게 하는 방법을 강구해야 합니다. 이때 필요한 것이 바로 빗물 침투시설입니다.

우리 선조들은 해태상을 세워 불 관리를 잘하라 독려했고, 측우기와 수표를 통해 물 관리를 생활화함으로써 우리 후손들에게 훌륭한 생활철학을 물려주었습니다. 하지만 우리는 우리의 후손들에게 남겨줄만한 교훈을 생산하고 있는지 곰곰이 생각해 볼 일입니다. 오히려 지금과 같은 고비용, 고에너지 사회기반 시설이나 생활습관을 물려준다면 후손들에게 부담을 지우는 것이고, 장차 원망의 대상이 될 것입니다. 무엇이 진정으로 우리와 우리 후손을 위한 지혜의 실천인지 곰곰이 생각해 볼 일입니다.

🌂 알파를 잡아라

집중호우가 내려 침수되는 것은 100의 물을 흘릴 수 있는 시설 즉 하수도나 하천에
100+α의 물이 흘렀기 때문입니다.

거의 해마다 여름 장마철이면 우리나라는 홍수 피해에 시달립니다. 홍수는 주로 강원도 산간 지역에서 빈번하게 발생하지만 다른 지역이라고 해서 결코 홍수의 안전지대는 아닙니다. 왜냐하면 큰 비는 한반도 주위의 기압 배치에 따라 수시로 바뀌기 때문입니다. 이 말은 우리나라 어느 지역이든지 홍수의 원인 제공지가 되기도 하고 피해지가 되기도 한다는 뜻입니다. 그러므로 우리나라에서 홍수에 대한 대비는 어느 한 지역에 국한되는 것이 아니라 전역에서 고루 대비해야 합니다.

매년 반복되는 홍수피해 앞에서 일반 시민과 정부가 힘을 모아 근본적으로 해결할 방법은 없는 걸까요. 이를 위해 우선 몇 가지 질문을 해 볼 필요가 있습니다. 같은 양의 비가 오더라도 왜 지역에 따라 피해 규모가 다른 것일까? 비가 어느 정도 오더라도 비 피해를 좀 더 줄일 수 있는 방법은 없는 것일까? 앞으로는 기후변화에 의해 더 많은 비가 온다는데 어떻게 하면 비 피해를 최소화할 수 있을까? 그리고 돈과 시간을 많이 들이지 않더라도 지속적으로 비 피해를 최소화하는 방법은 없을까?

이제 이와 같은 질문을 던져놓고 문제의 원인과 해결책을 파악해 보겠습니다. 집중호우가 내려 침수되는 것은 100의 물을 흘릴 수 있

는 시설 즉 하수도나 하천에 100+α의 물이 흘렀기 때문입니다. 여기서 α는 매우 적은 양이 될 수도 있습니다. 그런데 하수관로나 하천 제방은 넘치기 직전까지는 튼튼하지만 한 번 넘친 이후에는 무척 취약합니다. 따라서 그 양과 관계없이 한 번만 비가 넘쳐도 그 피해는 엄청납니다. 이 때 침수의 원인 제공자는 α만큼의 빗물 증가량입니다. 그렇다면 침수가 일어나지 않도록 하기 위해서는 α만큼의 빗물 양을 컨트롤하면 됩니다. 즉 비가 내린 지역의 상류에서 일시적으로 빗물이 내려가지 않도록 잡아주기만 해도 홍수피해를 막을 수 있다는 뜻입니다.

이번에는 도시에 침수를 일으킨 물을 그 기원에 따라 7가지 무지개 색깔로 가정하여 그 양을 따져보겠습니다. 그러면 침수의 원인을 구별하여 알 수 있고 이후에 침수를 방지하기 위한 조치를 취할 수 있을 것입니다. 예컨대, 어느 지역의 상류에 비가 많이 와서 흘러 들어오는 빗물은 빨간 색, 지역의 전체 지붕면에서 흐른 물은 주황색, 전체 포장면에 떨어져 흐른 빗물은 노랑색, 도로면에서 흐른 물은 초록색, 산림 지역이나 논밭에 떨어진 빗물은 파란색, 새로 만든 비닐하우스 지역에 떨어진 빗물은 남색, 상류지역에 새로 만든 공장의 지붕에서 떨어진 빗물은 보라색 등으로 각기 가정해 보았습니다. 그리고 여기에 하나 더, 홍수를 일으킨 물은 모두 다 모인 검은색이라고 가정해 보겠습니다. 각각의 물 색깔이 모여서 100을 초과하는 α를 형성하였으므로 이 수치를 줄이기 위해서는 당연히 모든 물의 양을 대상으로 조금씩 줄이면 됩니다. 줄이는 대상과 순서는 비용을 들인 만큼의 효과를 보고 정하면 됩니다.

한편 빗물이 흐르는 특성은 표면 상태에 따라 흐르는 양이 달라집니다. 예컨대 지붕면이나 포장면과 같은 경우는 80-90% 정도 흘러나가고 산림이나 나대지 등은 20-30% 정도가 흘러나갑니다. 표면의 특성이 빗물을 얼마나 흡수할 수 있느냐에 달려 있기 때문입니다. 그렇다면 논과 같은 지역에서는 빗물을 거의 완벽하게 흡수할 수 있기 때문에 흘러나가는 양이 0%입니다(이를 공학적인 용어로 말하면 '유출계수'라고 합니다).

그런데 같은 양의 비가 오더라도 피해를 입는 지역과 입지 않는 지역이 있습니다. 또 같은 강우라도 예전에는 문제가 없었는데 최근 들어 문제가 되는 경우도 있습니다. 다음과 같은 경우를 가정해 볼 수 있습니다. 그린벨트 지역에 새로 건물을 지어 지붕과 주차장을 만든 경우, 도시계획 구역을 변경함으로써 논이 주거 지역으로 바뀐 경우, 밭의 일부를 비닐하우스로 변경한 경우, 상류지역에 최근 지붕이 넓은 공장을 만든 경우 등이 그 예입니다. 대개 표면 특성이 자연적인 상태에서 도로나 포장 면으로 바뀌어 빗물이 흘러 내려가는 양이 늘어난 것입니다.

이러한 원인들에 의해 빗물의 양이 증가했다면 그 양이 무척 적더라도 홍수피해를 줄 수 있습니다. 그렇다면 그 양만큼만 추가되지 않도록 하면 홍수를 막을 수 있을 것입니다. 이를 마찬가지 같은 논리로 뒤집어 생각해 봅시다. 이처럼 적은양의 물(α)만을 저장하여 천천히 내려가도록 해도 홍수를 방지할 수 있다는 논리적인 추론이 가능합니다. 즉 빗물이 최대로 흘러 내려가는 양을 줄이고 갑자기 흘러내려가는 시간을 지연시켜 주는 것입니다. 이때 중요한 것은, 어느 한 지역에서만 이것을 실행하는 것이 아니라, 전 지역에 걸쳐 모든 주민들이나 정부에서 각각 그 α를 잡아줘야 한다는 것입니다. 특히 상습적으로 침수가 되는 지역에서 집집마다 빗물시설을 설치해 빗물을 잡아준다면 나와 내 이웃의 수해를 막을 수 있습니다.

만일 지금 당장 이러한 실천이 어렵다면, 유출되는 빗물의 양을 제도적으로 막는 것은 가능합니다. 예를 들어, 만일 어느 지역에 새로 공장이나 골프장을 지을 때, 이로 인해 유출되는 빗물의 양을 제도적으로 줄이게 할 수 있습니다. 또는 하수도의 용량을 늘리는데 들어가는 비용을 부담하도록 할 수도 있습니다.

그러나 역시 근본적인 대책은 전 지역의 전 주민이 합심하여 빗물 침투 시설을 통해 유출되는 빗물의 양을 잡아주는 것입니다. 바로 여러분 한 사람 한 사람의 실천이 모일 때 가능한 일입니다.

🌂 가뭄과의 전쟁

> 도로나 주택을 만들 때에 그 시설을 만드는 쪽에서 빗물 관리시설을 함께 만드는 것이 어떨까요. 그리고 지역의 '물 잔고'라는 개념을 도입하면 좋겠습니다.

2008년 가을에 시작된 가뭄은 해를 넘겨 2009년 봄까지 이어지면서 수도권을 제외한 전국의 많은 주민들이 물이 부족해 큰 고통을 겪었습니다. 80년 만에 찾아온 최악의 가뭄이라고 합니다. 물이 부족해지자 일반 가정에서는 목욕이나 빨래는 언감생심 꿈도 못꾸고 간신히 얼굴에 물만 찍어바르고 수세식 화장실 사용조차 자제했을 정도라고 합니다. 식당이나 사우나, 숙박시설 같은 곳도 거의 영업활동을 중단할 수밖에 없었습니다. 그야말로 거의 모든 일상이 '올 스톱' 상태가 되어버린 것이지요.

우리는 이렇게 봄과 겨울에 크고 작은 가뭄을 주기적으로 겪습니다. 그런데 가뭄이란 피할 수 없는 천재일까요? 아니면 물 관리를 잘못하여 생기는 인재일까요? 같은 고통을 되풀이하지 않을 근본적인 대책은 과연 없는 것일까요?

사실 우리나라에 오는 빗물의 양은 적은 편이 아닙니다. 한 해 동안 우리나라에 떨어지는 빗물을 다 모으면 아마 전국의 운동장·평야·도로·산 등에 어른 가슴 높이까지(1.3m) 물을 채울 수 있을 것입니다. 이 양이 자그마치 일 년에 1,300억 톤 가량 됩니다. 이렇게 물이 부족하지 않은데 왜 우리는 거의 매년마다 가뭄에 시달리는 것일까요.

문제는 평소 그처럼 풍부하게 내리는 빗물을 다 흘려보내고 나서 가뭄이 닥쳤을 때 물이 없다고 쩔쩔매는 것입니다. 그래서 가뭄 대책으로 관정을 뚫고 제한급수를 하고 다른 유역의 물을 빌려오는 식의 임시방편을 내놓습니다만, 이러한 대책이 과연 근본적이고 지속 가능한 방법일까요. 결국은 다른 지역에 사는 사람이나 자연 또는 후손이 쓸 물을 가지고 오는 것이기 때문에 무작정 좋아할 일도 아닙니다. 이는 마치 배가 고프다고 종자 볍씨를 먹는 일과 같이 어리석은 일입니다.

지금 우리나라에서 실시하는 물 관리의 개념은 하루 빨리 빗물을 내다 버리는 식입니다. 하수도 하천 도로 도시계획 등 모두 비만 오면 빨리 하류로 보내서 바다로 내보내도록 설계되어 있습니다. 그 결과 땅속으로 물이 안 들어가 지하수위가 떨어지고 전국의 하천이 마르고 생태계가 파괴된 것입니다.

이렇게 버려지는 빗물을 모아야 합니다. 그래야 가뭄이 근본적으로 해결됩니다. 누군가는 댐이 있지 않느냐고 할지 모르겠습니다만, 전국에 있는 16개의 대규모 다목적 댐으로는 실질적으로 가뭄을 해소하는데 한계가 있습니다.

가장 효율적인 것은 작은 규모의 댐을 가능한 여러 곳에 분포시켜 놓는 것입니다. 그것이 바로 빗물이용 시설입니다. 작은 규모의 빗물 침투시설과 저장시설을 전국 곳곳에 만들어 땅속에 모으면 됩니다. 만일 빗물이용 시설을 당장 설치하는 것이 여의치 않다면 깊은 산속의 옹달샘도 좋고 안 쓰는 논에 모아도 좋습니다. 경사면에 눈썹 모양으로 흙을 약간 돋아 두어 빗물이 고여 땅에 스며들게 하는 것도 하나의 방법입니다. 그 밖에도 여러 가지 쉽고 검증된 기술이 많이 있습니다.

가뭄을 항구적으로 벗어나려면 정책적인 뒷받침도 따라야 합니다. 예를 들어, 도로나 주택을 만들 때에 그 시설을 만드는 쪽에서 빗물 관리시설을 함께 만드는 것이 어떨까요. 그리고 지역의 '물 잔고'라는 개념을 도입하면 좋겠습니다. 그래서 가뭄이 닥쳤을 때 외부에 의존하지 않고 지역에서 자체 조달할 수 있는 물의 양은 얼마이며, 현재의 잔고로 가뭄을 얼마나 버틸 수 있는지에 대한 내용을 모든 지역주민이 미리 알 수 있도록 하는 것입니다. 그러면 지역주민 스스로 힘을 합하여 미리 아끼고 관리하여 가뭄 문제를 줄일 수 있을 것입니다.

가뭄이 길어진다고 해서, 그 때문에 애꿎은 기후 탓만 하고 앉아 있을 수는 없습니다. 이웃 지역의 물을 길어다 쓰는 것도 한계가 있습니다. 평소 빗물을 모아 지하수를 보충하지도 않고 생각 없이 마구 내버린 우리가 무슨 자격으로 후손이 쓸 씨종자까지 써 버리겠습니까? 지금부터라도 평소 내리는 빗물을 땅속에 침투시켜 저장하는 시설을 만들어야 합니다. 그래서 다시는 지속적이지도 근본적이지도 않은 가뭄대책을 매년 내놓는 어리석음을 되풀이하지 말아야 합니다.

☔ 비 오는 소리는 돈 내리는 소리

비 오는 소리가 돈 내리는 소리로 들릴 정도입니다. 지붕 면적 600평 정도의 건물이 이 정도라면, 더 큰 건물에 이런 정도의 시설을 설치해두고 일년 동안 빗물을 모은다면 엄청난 양의 물을 공짜로 쓸 수 있을 것입니다.

국가 차원에서나 가정에서나 경제 사정이 어려울 땐 물 한 방울 쓰는 것조차 아깝게 느껴집니다. 그게 다 돈이라고 생각하면, 수돗물에서 흘러내리는 물이 모두 돈으로 보일 것입니다. 그런데 이럴 때 누군가 공짜로 물을 쓸 수 있다고 하면 눈이 번쩍 뜨이고 귀가 솔깃해질 것입니다. 의심 많은 사람은 무슨 불법행위가 있는 것은 아닌가 생각할지도 모르겠습니다. 하지만 실제로 이런 사례가 있습니다. 물론 공짜로 물을 사용하고도 양심이나 법을 위반하지도 않았습니다. 어떻게 이런 일이 가능할까요?

서울대학교에 새로 지은 기숙사에는 200톤 규모의 빗물 저장시설을 시범적으로 설치하여 사용하고 있습니다. 약 5개월 동안 매일 6톤 정도의 물을 사용했는데(물론 현재도 사용하고 있고 언제까지나 사용할 것입니다.) 그 중 1000톤의 물을 화장실 용수로 사용해 수도요금을 대폭 줄였습니다. 업무용으로는 상하수도 요금으로 톤 당 2,330원을 부담하므로 매달 42만원으로 쳐서 5개월 동안 210만 원을 절약하였습니다. 만약 이 물을 상하수도요금이 1.5배 가량 비싼 영업용으로 사용했다면 약 315만 원 정도 절감되는 셈입니다(2020년 서울시 상하수도 요금 기준).

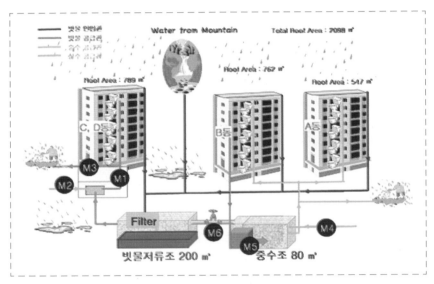

〈서울대학교 기숙사 빗물이용 시설 개념도〉

앞으로 50년 이상 서울대 기숙사에서는 매년 더 많은 이익을 보게 될 것입니다. 이쯤 되면 비 오는 소리가 돈 내리는 소리로 들릴 정도입니다. 지붕 면적 600평 정도의 건물이 이 정도라면, 더 큰 건물에 이런 정도의 시설을 설치해두고 일년 동안 빗물을 모은다면 엄청난 양의 물을 공짜로 쓸 수 있을 것입니다.

그런데 서울대 기숙사에서는 마실 수 있을 정도의 깨끗한 물을 화장실 용수로 사용하고 있지만, 사실 이보다 더 많은 영역에 빗물을 이용할 수 있습니다. 가정에서는 빨래나 설거지를 할 때 사용할 수도 있고 화단의 조경용수로 사용할 수 있습니다. 만일 빗물 저장조의 물을 꺼내 쓰는 것이 불편하다면 기술적으로 얼마든지 해결할 수도 있습니다. 즉 겨울가뭄처럼 비가 안 올 때는 수돗물로 연결시켜 자동으로 나오도록 한다든지, 비데를 사용하는 가정에서는 세면대에 있는 음용수 배관에 연결해 얼마든지 편하게 사용할 수 있습니다. 이처럼 빗물 이용시설의 설치나 관리는 결코 어려운 것이 아닙니다.

우리나라 수도요금에는 상수도는 물론 하수도와 물이용 부담금이 포함되어 있고, 수도권 지역에서는 1톤 당 일정 금액의 수질개선 부담금도 징수하고 있습니다. 상수도 요금의 일정 비율을 하수도 요금으로 내기 때문에 상수도를 조금 쓰면 자연히 하수도 요금도 함께 절약되는 셈입니다. 앞으로는 상수도 요금을 더 올린다고 하니, 빗물을 이용할 경우 절감액 또한 더 늘어날 것입니다.

수돗물을 아끼면 개인적으로는 수도요금을 적게 내는 이득이 있는데, 사회적으로는 더 큰 이득을 기대할 수 있습니다. 즉 빗물을 이용하면 댐의 취수량이 줄어들고, 물을 정수 처리하는 양이 적어지니 그 비용 또한 절감되며, 운반비용 역시 줄일 수 있습니다.

좀 더 자세히 살펴볼까요. 애초에 하늘에서 내리는 빗물은 공짜입니다. 하지만 일단 땅에 떨어져 강으로 흐르는 동안 댐을 막으면서 소유권이나 사용권 등 복잡한 문제가 발생하기 시작합니다. 청정했던 빗물이 그야말로 속세로 나온 것입니다. 어쨌든 상류에 댐을 만들어 하류에 있는 도시로 보내줄 때 그냥 보내주지 않습니다. 원수나 정수 비용을 받습니다. 그런데 이 비용은 필요하다면 얼마든지 올릴 수도 있습니다.

또 다른 비용이 발생하기도 합니다. 빗물은 애초에 처리할 필요가 전혀 없는 물이어서 비용 들 일이 없는데, 땅에 떨어져 더러운 강물이 되면 처리를 해야 하고 이 때 비용이 들어갑니다. 또한 모아둔 물을 좋은 수질로 관리하고 처리하고 운송하는데 많은 비용이 들어갑니다. 이게 다 누구의 몫입니까? 고스란히 소비자인 여러분이 부담하게 됩니다. 하지만 이 원료가 전혀 비용을 낼 필요가 없는 빗물이라는 것을 깨닫는 사람은 과연 몇이나 될까요? 빗물을 이용하면 결국 시민이 세금을 적게 사용하게 될 것입니다. 이때 절감된 비용으로 수돗물의 수질을 개선하는 등 수돗물에 대한 불신을 해소하는 데 쓸 수도 있습니다.

만일 여러분 중에 혹시 공짜로 빗물을 쓰는 것이 미안해서 누군가에게 돈을 내려고 한다면, 이때 누구에게 내야 할까요. 어디에도 돈을 낼 필요가 없습니다. 하늘에서 공짜로 우리 집 지붕 위에 내려준 빗물을 받아쓰는데 누가 우리에게 소유권이나 수고비를 내라고 주장할 수 있겠습니까. 빗물의 원료는 태평양의 바닷물에서 만들어진 구름이니, 혹시 구름이 우리에게 소유권을 지불하라고 할까요? 혹은 태양의 힘으로 증발시켜 농축시켰으니 태양이 우리에게 수고비를 내라고 할까요? 아니면 운반책은 구름을 한반도에 보내준 바람이니, 바람이 우리에게 운송비를 내라고 할까요?

빗물을 공짜로 이용하는 것이 정 미안하고 고맙다면 인간이 할 수 있고 해야 할 일은 단 한 가지입니다. 바로 자연을 보호하고 깨끗하게 유지하는 일이지요. 그렇게 하는 만큼 자연은 다시 우리에게 더 좋은 혜택을 돌려줄 것입니다.

☂ 100 빗방울 200 빗방울

앞으로 기후변화 현상이 이대로 지속된다면 전 세계적으로 심각한 물 부족 사태가 예상됩니다. 이에 대처하기 위해서는 수자원이 풍부한 선진국에서 개발된 첨단기술을 도입하는 것도 중요하지만, 물이 부족한 후진국이라도 알뜰하게 물을 아끼고 활용하는 방법을 도입하는 것이 더욱 중요하리라 생각합니다.

앞의 글에서 비 오는 소리는 돈 내리는 소리라고 했는데, 실제로 빗물을 돈이라고 생각하는 나라가 있습니다. 바로 아프리카

의 보츠와나라는 나라입니다. 이 나라의 화폐 단위는 풀라(Pula)와 테베(Thebe)인데, 이 두 단어의 의미가 바로 빗방울이라고 합니다. 말하자면 이 나라에서는 물건을 살 때, 100 빗방울 200 빗방울이라고 하는 것이지요. 어때요 재미있지 않습니까? 하지만 그 속내를 알고 보면 마냥 재미있지만은 않습니다.

이 나라의 남서부 지역의 경우 일 년 동안 내리는 비의 양이 약 250mm 정도로써, 우리나라 평균치의 20%정도밖에 되지 않습니다.

1980년대에는 5년 동안이나 비가 오지 않았다고 합니다. 그러니 빗물을 얼마나 귀하게 여기겠습니까? 돈의 단위로 빗방울을 쓴다는 생각까지 하게 되었으니 말입니다.

우리나라에서도 비가 오면 하늘에서 돈이 떨어진다고 생각하는 곳이 있습니다. 경기도 의왕시에 있는 갈뫼중학교입니다. 비만 오면 이 학교 학생들은 아주 신이 납니다. 60톤 규모의 빗물 탱크 두 개가 주차장 지하에 묻혀 있어서 지붕에 떨어진 빗물이 이곳으로 모이기 때문입니다. 학생들은 모인 빗물로 청소를 하거나 손 펌프로 물을 퍼서 화단의 꽃을 가꾸기도 합니다. 학교 운동장에 먼지가 날 때는 부담 없이 이 물을 뿌려 먼지를 잠재우기도 합니다. 빗물탱크가 생긴 이후에는 운동장 가에 작은 연못도 생겼습니다. 이전에 수돗물만 있을 때는 연못을 만들 생각도 못했습니다. 학생들은 연못가에 모여 작은 분수나 폭포를 바라보며 즐거워합니다. 인근 주민들도 학교에 놀러와 이 연못을 보고 즐깁니다.

이렇게 하니 자연히 수돗물 값이 절약이 되었지만 그보다 더 큰 수확은 교육적 효과입니다. 돈을 저금하듯이 빗물도 저금할 수 있다는 것을 알게 되었으니 말입니다. 학생들은 물 사용량을 직접 측정하면서 물을 절약하는 방법을 배울 뿐만 아니라, 힘들게 손 펌프로 물을 푸면서 물을 공급하는 이들의 노고를 간접적이나마 체험하기도 합니

▶ 서울 신림동 민여사 댁의 4톤 짜리 빗물 저금통

▶ 서울 봉천동 양선생 댁에 설치된
900리터 짜리 빗물 저금통

다. 학생들은 집에 가면 가족의 물 선생님이 됩니다. 단 한 방울의 물이라도 중요하게 생각하며 자란 학생은 전기나 기름, 시간 등 다른 자원도 아낄 줄 알게 될 것입니다.

한편 일반 가정에 빗물 탱크를 만들어 그 효과를 톡톡히 보고 있는 사람들도 있습니다. 관악구 내에 있는 도림천 주민 모임과 서울대학교 빗물연구센터는 서울시의 지원을 받아 두 가정에 시범적으로 빗물탱크를 설치했습니다. 민여사 댁에는 4톤 짜리를, 그리고 양선생 댁에는 900리터 짜리를 설치했습니다. 저희도 과연 일반 가정에서 어떤 효과를 볼 수 있을지 기대 반 우려 반으로 기다렸는데, 결과는 아주 성공적이었습니다. 2005년 여름과 가을에 걸쳐 써 본 결과 아주 큰 성과를 올렸습니다.

민여사 댁에는 여름에 지붕에 내린 비를 모아 정원용수는 물론, 세탁을 할 때도, 화장실 물을 내릴 때도 사용했습니다. 동네 아주머니들과 함께 빗물로 머리를 감기도 하고, 동네 골목을 청소하거나 동네 화단에 물을 주기도 했습니다.

양선생 댁에서도 빗물을 받아 화초와 채소를 재배했습니다. 그러자 이전에 수돗물로 키웠던 것보다 화초가 훨씬 더 잘 자라고 싱싱해진 것을 확인했습니다.

두 개의 시범 사업에서 성공한 주민모임과 빗물연구센터는 이것을 더욱 확산하려는 노력을 기울이고 있습니다. 그래서 2005년부터 2006년까지 도림천 모임에서는 단독주택, 다세대주택, 어린이집, 학교 등에 빗물을 모아서 이용하는 빗물저금통을 10호까지 시범 설치했고 도림천과 땅속을 살리는 빗물 침투시설을 세 차례 시범 설치했습니다. 현재에도 꾸준히 빗물 이용시설을 설치하는 집이 늘고 있고, 실생활에서 아주 유용하게 사용하고 있습니다.

앞으로 기후변화 현상이 이대로 지속된다면 전 세계적으로 심각한 물 부족 사태가 예상됩니다. 이에 대처하기 위해서는 수자원이 풍부한 선진국에서 개발된 첨단기술을 도입하는 것도 중요하지만, 물이 부족한 후진국이라도 알뜰하게 물을 아끼고 활용하는 방법을 도입하는 것이 더욱 중요하리라 생각합니다.

이를 위해서는 자라나는 세대에 대한 교육이나 홍보가 중요합니다. 예컨대, 빗물 자료관이나 물 과학관 같은 전시 시설을 만들어 학생들과 시민들에게 상시적으로 홍보하는 것입니다. 또한 청와대나 국회와 같은 건물에 빗물이용 및 침투 시설을 설치하고 이용한다면 모든 국민들에게 저절로 홍보하는 효과를 거둘 수 있을 것입니다.

관악구청의 경우, 새로 지은 청사 건물에 빗물저류 시설을 설치했습니다. 이 청사 건물은 공사를 할 때부터 유출된 지하수를 지하 저류조에 모았고, 지붕의 집수면을 통해 빗물을 모을 수 있게 했습니다. 그 결과, 현재 관악구청에서는 이 빗물이나 지하수를 이용해 청사 건물 청소를 하기도 하고 화단에 물을 주거나 화장실 용수로 잘 사용하고 있습니다. 모쪼록 이처럼 빗물이용 시설을 설치한 건물들이 우리나라에 더욱 더 확산되기를 기대해봅니다.

🌂 돼지 저금통보다 좋은 빗물 저금통

기후변화 시대를 살아가는 지구촌은 앞으로 물 부족 문제에 시달릴 것입니다. 더 많은 물을 확보하기 위해 전쟁도 불사할 것이라는 예측도 나오고 있습니다.

사람 살아가는 모습이 갈수록 다양해지면서 저축 상품도 다양해졌습니다. 자유저축이나 적금은 물론이고 요즘은 너나 할 것 없이 주식이나 펀드에 투자를 하고 있습니다. 요즘은 아이들이 태어나면 통장을 만들어 선물로 주기도 합니다. 하지만 제가 어렸을 때만 해도 어른들은 빨간 돼지 저금통을 아이들에게 선물로 주시곤 했습니다. 아이들은 용돈을 아껴 쓰거나 어른들이 칭찬과 함께 주시는 돈을 모아 돼지 저금통에 넣으며 뿌듯해 했고, 저금통이 꽉 찼을 때 그 돈을 꺼내 쓰며 무척 즐거워했습니다. 돼지 저금통에 가득 돈을 모으고, 또 그것을 꺼내 보람 있게 돈을 쓸 때 느끼는 기쁨이란 부잣집 아이와 가

난한 집 아이가 별반 다르지 않을 것입니다.

물 문제도 이와 다르지 않습니다. 기후변화 시대를 살아가는 지구촌은 앞으로 물 부족 문제에 시달릴 것입니다. 더 많은 물을 확보하기 위해 전쟁도 불사할 것이라는 예측도 나오고 있습니다. 따라서 인류가 가장 시급하게 확보해야 할 자원은 바로 물입니다.

이럴 때 빛을 발하는 것이 바로 빗물 저금통입니다. 미래를 위해 돼지 저금통에 돈을 저금하듯이 빗물 저금통에 빗물을 모으는 것입니다. 빗물은 누구에게나 공평하게 떨어집니다. 아무렇게나 버려지는 빗물을 누가 더 많이 모으는가에 따라 미래의 삶의 질이 결정될 것입니다.

앞에서 설명했듯이 이미 빗물 저금통을 만들어 그 효과를 톡톡히 누리고 있는 사람들이 있습니다. 경제상황이 어려운 시기에는 수도요금을 대폭 절약하는 것만으로도 가계에 큰 보탬이 될 것입니다. 더욱이 이 시설이 널리 확산되어 각 가정, 나아가 모든 건물마다 설치한다면 전체 물 절약량은 상당할 것입니다. 무엇보다 수돗물 공급 시설을 만들고 그것을 처리하고 운송하고 운영하는데 드는 비용과 에너지를 획기적으로 줄일 수 있습니다.

누군가는 빗물 저금통에 받아놓은 물의 수질이나 겨울철의 동파를 걱정할지도 모릅니다. 하지만 받아놓은 빗물은 1년 중 약 6-7개월 정도 사용하고 가을에는 물탱크를 비워놓으면 수질이나 동파 같은 문제는 발생하지 않습니다. 먹는 물로만 사용하지 않으면 수질과 관련한 시비도 없을 것입니다. 빗물 저금통에 약간의 디자인을 가미하면 보기에도 좋게 만들 수 있습니다.

몇·해 전부터 서울시에서는 빗물 이용을 장려해 오다가 '빗물 가두고 머금기 프로젝트'를 2008년에 시행했습니다. 이 계획에 따라, 빗물이용 시설을 설치하는 곳에 최고 1천만 원까지 비용을 지원해주기로 했습니다. 사실 일본이나 대만, 독일, 호주 등 빗물 이용이 생활화된 나라에서는 개인이 빗물 이용시설을 설치할 때 보조금을 지원해주는 제도가 이미 오래 전부터 시행되고 있습니다. 우리나라는 조금 늦은 감이 있지만 이제라도 시민들의 부담을 덜어준다고 하니 참 다행입니다.

그래도 여전히 비용 문제이 부담이 되는 분도 있을 것입니다. 그럴 땐 이런 방법은 어떨까요. 저절로 비용이 만들어져서 굴러가도록 하는 방법 말입니다. 세상에 그런 방법이 어디 있냐고요. 있습니다. 마이크로 크레디트(무담보 소액대출)라는 제도에서 힌트를 얻을 수 있습니다. 즉 빗물 저금통 옆에 돼지 저금통을 같이 놓고 매달 수도요금을 절감한 정도의 비용을 집어넣습니다. 그 돈이 어느 정도 모이면 대출금을 갚아서 다른 사람이 빗물 저금통을 설치할 때 보조를 해주도록 하는 것입니다. 이때 대출금을 갚을 때마다 공공기관이나 기업체 등에서 그에 대응하여 기부금을 제공하는 제도를 만들면 더욱 효과적으로 확산시킬 수 있을 것입니다.

이와 같은 제도를 우리나라뿐만 아니라 물이 부족해 고통을 받는 개발도상국이나 제3세계 국가 등에 적용하고, 빗물 저금통을 만들 수 있는 기술을 전수한다면 그들은 대대손손 깨끗한 물을 사용할 수 있을 것입니다. 실제로 빗물이용 보급 사업은 유엔 산하기관인 UNEP(국제연합환경계획) 등에서 역점을 두고 있는 일입니다. 이 일에 우리도 참여하여 우리 정부나 기업체가 매칭펀드를 제공하는 것은 어떨까요? 약간의 종자돈을 만들면 그다지 어렵지 않게 빗물이용 시설을 확산시킬 수 있을 것입니다.

한국정부가 국제사회의 일원으로써 개도국을 지원하는 기금을 낼 때 이러한 방향으로 활용한다면 적은 돈으로 국위를 선양하고 수많은 생명을 살리는 일에도 동참할 수 있을 것입니다. 특히 북한에서도 물 문제는 심각하다고 합니다. 북녘의 동포들에게 그저 단순히 물을 공급해 주기 보다 스스로 물을 받아 쓸 수 있는 빗물 저금통 설치를 위한 마이크로 크레디트를 시작해보는 것이 어떨까요. 이것은 적은 비용으로 닫혀 있던 북한의 문을 열고 통일의 밑거름을 놓을 수 있는 방법이기도 합니다.

▶ 인도네시아 쓰나미 피해지에 설치한 빗물 이용시설

▶ 빗물 저금통

▶ 인도네시아 쓰나미 피해 현장

자신의 사랑스러운 자녀에게, 친구에게, 그리고 이웃에게 빗물 저금통을 선물합시다. 그러면 비가 올 때마다 그들은 넉넉하고 풍요롭게 물을 사용하고, 그 혜택을 나눠준 고마운 당신을 생각할 것입니다. 이것이야말로 이 메마른 시대에 지속가능하고 가장 값진 선물이 될 것입니다.

🌂 좋은 원료에서 좋은 제품이 나온다

우유의 성분과 맛이 좋게 하기 위해서는 그 원료인 물이 좋아야 합니다.

사람이 살아가며 일상에서 행복을 느끼는 순간이 있습니다. 사람마다 그 순간이 각기 다르겠지만 저의 경우는 기가 막히게 맛있는 음식을 먹었을 때 행복을 느끼기도 합니다. 그럴 때면 그 음식을 만든 사람에게 맛의 비법이 무엇이냐고 물어봅니다. 그러면 대부분 정성과 좋은 원료라고 대답하는 경우가 많지요. 공장에서 만들어내는 공산품 역시 원료의 질이 좋아야 최종 완성품도 좋은 것입니다. 그렇다면 아이들이 즐겨 마시는 우유의 경우는 어떤 원료의 질이 좋아야 할까요 우유의 성분과 맛이 좋게 하기 위해서는 그 원료인 물이 좋아야 합니다.

사실 저는 물 전문가이기 때문에 낙농에 대해서는 잘 모릅니다. 소를 구경해보긴 했지만 소뿔을 만져본 적도 없고 더구나 소젖을 만져본 적도 없습니다. 때문에 낙농이나 우유의 질에 대해 이야기 할 자격이 있는지 모르겠습니다만, 물 전문가로서 낙농가에서 사용하는 물에 대해서는 조금 말 할 수 있습니다.

현재 낙농가에서는 주로 지하수나 빗물을 사용하는데, 이들 수원의 수량이나 수질에 대해 얘기해보고자 합니다. 특히 수질관리에 대해 저는 많은 의문을 가지고 있습니다. 낙농에서 가장 중요한 원료인 물을 어떻게 공급하고 있을까 어떤 수질기준을 가지고 있을까 원수의 수질이 거기에 미치지 못한다면 어떻게 처리하고 있을까 수질이 우유의 질에 미치는 영향은 무엇일까 그 수질에 맞추기 위한 처리비용은 얼마나 들어갈까 그렇다면 최고 품질의 우유를 생산하기 위해 필요한 수질은 어떤 것이며 그것을 어떻게 공급할 수 있을까요?

네, 다 열거하기 힘들 정도로 많은 의문점이 있습니다. 제가 이런 질문을 하는 이유는 얼마나 좋은 물을 사용하고 그 물을 어떻게 관리하느냐에 따라 우유의 질이 달라질 것이라 생각하기 때문입니다. 어떤 낙농가에서는 소를 잘 키우기 위해 축사를 청결하게 유지한다든지 좋은 음악을 틀어주는 등 정성을 다합니다. 하지만 좋은 물, 비싼 물을 구해 먹인다는 이야기는 거의 들어보지 못했습니다. 사실은 그것이 가장 중요한 일인데도 말입니다.

낙농에 필요한 물은 수돗물을 비롯해 지하수, 하천수, 빗물 등 다양하게 공급할 수 있습니다. 이 중에서 수돗물을 이용하는 것은 너무 비용이 많이 들고, 하천 물은 하천 근처에 축사가 있어야 쉽게 사용할 수 있습니다. 따라서 현재 낙농가에서 가장 많이 사용하는 물은 지하수와 빗물인데, 그 둘의 장단점에 대해 알아보겠습니다.

지하수의 경우, 임자가 따로 없고 가장 손쉽게 구할 수 있으며, 경제적이라는 생각에 가장 많이 사용하고 있습니다. 하지만 지하수를 많이 사용하게 되면 여러 가지 문제점이 발생하는데, 그 중 하나는 과다하게 사용할 경우 지하수위가 낮아져 점점 더 땅을 깊게 파야 한다는 것입니다. 그럴 때는 전기비용도 많이 들어갑니다. 특히 가물 때에는 지하수가 다시 보충되는 시간이 오래 걸리기 때문에 하루에 일정 시간만 지하수를 퍼올릴 수 있습니다.

사실 그보다 더 심각한 문제는 수질입니다. 축산농가 인근의 지하수는 가축의 분뇨나 비료, 농약 등으로 인해 오염이 될 가능성이 많습니다. 당연히 사람은 물론 가축이 마시기에도 부적절한 물입니다. 지하수는 다른 물과 달리 한 번 오염 되면 이를 쉽게 개선하기가 무척 힘이 듭니다. 경우에 따라서는 불가능에 가깝습니다. 어떤 지하수에는 칼슘과 마그네슘이 많이 녹아 들어가 경도(물의 세기)가 높은 물이 나오기도 합니다. 이런 물을 이용할 경우, 인체는 설사를 하기도 하며 음식 맛을 저하시키고 비누의 세척력을 떨어트립니다.

그렇다면 빗물의 경우는 어떤 이점이 있는지 살펴보겠습니다. 만일 축산 농가에서 빗물을 받고자 한다면 축사의 넓은 지붕을 사용하면 됩니다. 이때 지붕은 깨끗하게 관리해야겠지요. 지붕에 떨어지는 빗물을 모으는데는 따로 돈이 들지도 않습니다. 지붕이 넓기 때문에 수량 면에서도 유리합니다. 우리나라의 일 년간 평균 강우량이 1,280mm이므로 이 중에서 1000mm정도를 받을 수 있다고 가정해 보겠습니다. 예를 들어, 1000m^{2}인 지붕에서 모을 수 있는 빗물의 양은 일 년에 1000톤 정도 될 것입니다. 물론 이 물을 가지고 농가의 전체 사용량을 대지는 못하기 때문에 다른 수원과 함께 사용해야겠지요. 하지만 지하수를 그만큼 땅 속에서 덜 퍼 올려도 되므로 가뭄기간의 길이를 줄여줄 수 있고, 전기비용도 절약할 수 있습니다.

빗물을 모아 가축에게 주는 것 외에 다른 사업을 하는 것도 가능합니다. 예를 들어, 다른 낙농제품을 만드는데 사용할 수 있습니다. 낙농 제품 중에서 증류수나 초순수에 가까운 물을 필요로 하는 곳이 있다면 이용할 수 있습니다. 산간지역의 축산 농가에서는 깨끗한 빗물을 받아 인근 주민에게 병물을 만들어 파는 방법도 생각해 볼 수 있습니다. 실제로 호주의 어느 항공사에서는 일등석 손님에게만 주는 생수(Cloud Juice)가 있는데, 그것은 바로 빗물입니다. 일본, 미국에서도 빗물로 만든 병물이 시판되고 있습니다. 우리라고 이렇게 하지 말라는 법이 없습니다.

빗물 이용은 그뿐만이 아닙니다. 여름에 한창 더울 때 저장조에 받아둔 빗물을 축사 지붕 위에 뿌려 축사의 온도를 낮춰줄 수도 있습니다. 물론 이 물은 다시 저장조에 모이게 됩니다. 빗물을 버리지도 않고 냉방에 드는 에너지를 절약할 수 있습니다.

만일 저장조가 넘칠만큼 빗물이 많이 모인다면 이 물을 서서히 지하수로 침투시키면 됩니다. 그렇게 하면 장래 축산 농가에서 사용할 지하수를 확보할 수도 있습니다. 퍼낸 사람이 다시 채워 넣는 것이니 참 공정하다 할 수 있습니다.

이것은 단지 이론에 그치는 일이 아닙니다. 실제로 경기도 파주시의 한 축산농가에서 이 방법을 연구 차원에서 시범적으로 활용하고 있습니다. 면적 600m^{2}의 지붕에 떨어지는 빗물을 45톤 짜리 지하탱크에 모은 빗물로 소에게 먹이거나, 축사 청소를 할 때 이용하고 있습니다. 또한 여름에는 모아놓은 빗물을 지붕에 뿌려 축사의 온도를 낮춰 소의 젖이 잘 나오게 한다든지, 출산율을 높이는데 기여하고 있습니다.

좋은 원료에서 좋은 제품이 나오듯 좋은 물에서 좋은 낙농제품이 나옵니다. 빗물이 가진 생명력을 최대한 활용해 낙농제품의 질을 높이고 축산농가의 경쟁력을 높이는데 사용할 수 있기를 바랍니다.

☂ 눈도 자원이다

지구의 기후변화는 때와 계절을 가리지 않고 예측할 수 없는 이상기후를 초래합니다. 기상 이변은 그 종류에 따라 인간의 생활에 여러 가지 피해를 낳는데, 그 중 폭설은 건물의 지붕이 무너지게 하기도 합니다.

몇 해 전의 일입니다. 100년 만에 폭설이 내려 많은 국민들이 큰 피해를 입은 일이 있었습니다. 그것도 땅 속의 벌레들까지 잠을 깬다는 경칩에 말이지요. 지구의 기후변화는 이렇게 때와 계절을 가리지 않고 예측할 수 없는 이상기후를 초래합니다. 기상 이변은 그 종류에 따라 인간의 생활에 여러 가지 피해를 낳는데, 그 중 폭설은 건물의 지붕이 무너지게 하기도 합니다. 실제로 폭설로 인해 서울의 어느 큰 건물의 지붕이 무너진 적도 있습니다. 눈이 내리는 모습은 아름답지만 너무 많이 올 경우엔 그 결과가 결코 아름답지 않습니다.

이와 같은 재해나 사고가 일어났을 때 정부 차원의 대응책을 보면, 대개 책임자를 문책하거나 피해자들에 대해 보상을 하는 선에 마무리 되곤 합니다. 사후 대책이 대부분입니다. 하지만 사고의 근본 원인에 대한 대책을 마련하지 않으면 이러한 사고와 피해는 다시 벌어지게 됩니다. 결국 억울하게 문책 당하는 사람만 늘어나고, 시민의 피해는 계속되며 예산만 낭비하게 됩니다. 이것은 결코 근본적인 해결책이 아닙니다.

이럴 때 공학자들은 어떤 해결책을 내놓을 수 있을까요 몇 가지 방법을 생각해볼 수 있습니다. 먼저, 지붕에 눈이 쌓이지 않도록 하는 방법이 있습니다. 그러기 위해서는 지붕의 경사각도를 급하게 만들어 눈이 쌓이기도 전에 미끄러져 내려가도록 하면 됩니다. 하지만 이방법은 말처럼 그다지 쉬운 것이 아닙니다. 기존 건물의 지붕을 전면 개조해야 하기 때문에 비용이 많이 들어가기 때문입니다.

그럼 다른 방법을 한 번 생각해 볼까요. 건물에 쌓이는 눈에 대한 안전진단을 하고 그 결과에 따라 구조적인 보강을 하는 방법이 있습니다. 하지만 이 또한 간단한 방법이 아닙니다. 전국의 모든 건물에 대한 안전 진단과 보강을 하려면 시간과 비용이 적지 않게 들기 때문입니다.

더 쉽고 간단하고 비용이 적게 들어가는 방법이 없을까요. 바로, 빗물시설을 이용하면 됩니다. 즉 빗물 이용시설에 추가로 지붕에 물을 뿌려주는 배관과 노즐을 설치하고, 눈이 쌓인 지붕 위에 미지근한 물을 뿌려 눈을 녹여주는 것입니다. 마치 빙수에 물을 부어 녹이듯이 말입니다. 이때 눈이 쌓인 정도에 따라 수온과 수량을 조절해주면 됩니다. 녹은 눈은 물이 되어 다시 빗물 저장탱크로 들어갈 것입니다. 물론 눈이 녹은 물도 빗물과 마찬가지로 다양하게 활용할 수 있습

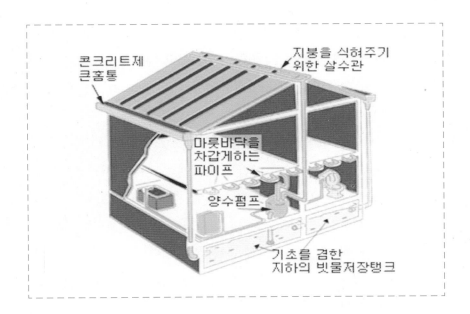

콘크리트제
큰홈통

지붕을 식혀주기
위한 살수관

마룻바닥을
차갑게하는
파이프

양수펌프

기초를 겸한
지하의 빗물저장탱크

니다. 폭설로 인한 피해도 방지하고 그 물도 이용할 수 있으니 얼마나
효과적인 방법입니까?

🌂 산불 참사, 빗물로 막는다

> 빗물이용 시스템에 좀 더 욕심을 낸다면, 지역 내에 설치한 모든 빗물탱크의 현재 수위
> 를 실시간으로 파악하고 관리하는 시스템을 설치하는 것을 제안 할 수 있습니다.

봄이면 우리를 괴롭히는 것들이 몇 가지 있습니다. 꽃가루, 황사,
그리고 산불. 건조한 공기와 강한 바람이 맞물려 산불이 커집니다. 산
불은 한 번 발생하면 사람의 힘으로 쉽게 끄기 힘들어 걷잡을 수 없
이 번져 나갑니다. 산불이 얼마나 자주 발생하는지 통계를 살펴보니,

2004년 늦겨울에서 봄에 걸치는 3개월 동안 무려 220여 건이나 있었습니다. 2005년에는 양양에 산불이 나 우리의 소중한 문화재인 낙산사가 불타버린 안타까운 일도 있었습니다. 이는 돈으로 환산할 수 없는 막대한 피해입니다.

모든 불은 처음부터 대형화재로 시작하지는 않습니다. 처음엔 다작은 불씨로부터 시작됩니다. 따라서 초기에 얼마나 대처를 잘하느냐에 따라 화재가 대형으로 번지는 것을 막을 수 있습니다. 그러기 위해 필요한 것은 무엇일까요? 바로 물이나 소화기 같은 화재 진압 장비입니다. 문제는 이러한 것들이 불이 난 근처에 얼마나 가깝게 비치되어 있는가 하는 것입니다. 작은 불씨가 큰 불로 번지기 전에 진압할 수 있도록 말입니다.

현재는 물과 장비 등을 중앙에 두고 산불을 끄는 중앙 집중형 시스템으로 되어 있습니다. 때문에 멀리서 불이 나거나 동시에 여러 군데에서 불이 나면 인력과 장비가 한정되어 초동진화가 어렵습니다.

이럴 때 필요한 것이 바로 빗물 탱크입니다. 즉 산의 이곳저곳에 크고 작은 빗물탱크를 묻어두고 여름에 내리는 빗물을 봄까지 모아두는 것입니다. 관리만 잘하면 수질에는 문제가 없습니다. 사실 식수가 아닌 다음에야 수질에 조금 문제가 생긴다 한 들 큰 지장이 있는 것도 아닙니다. 사찰 주위의 조금 높은 곳에 빗물이나 계곡수로 빗물 저류조를 만들어놓으면 비상시에는 별다른 동력이 없어도 물을 대어 불을 끌 수 있습니다. 이러면 불이 났을 때 근처에 물이 없어 허둥대거나, 소방헬기가 빨리 오지 않는다고 발을 동동 구르지 않아도 됩니다.

이것을 확대하여 산간지역 전체에 빗물탱크를 설치하면 더욱 좋을 것입니다. 예컨대, 민가나 전략적으로 중요한 곳 또는 상습 발화지점 등을 중심으로 설치하면 좋겠습니다.

〈서울대학교 버들골〉

일본은 이미 각지에 빗물이용 시스템을 도입해, 각 마을마다 공동의 빗물 저류조를 만들어놓고 화재가 발생했을 때 진압하는 용도로 쓰거나 긴급 재난시에 구호용으로 쓰기도 합니다.

서울대학교 버들골 잔디밭 밑에도 약 10톤 정도의 빗물탱크가 있는데, 댐에서 넘치는 물과 잔디밭에 떨어진 빗물을 모아 평소에 조경용수나 청소용수로 사용하고 있습니다. 하지만 늘 5톤 이상의 물은 예비용으로 남겨두고 있는데, 바로 불이 났을 경우를 대비해서입니다. 이 시설 덕분에 학교의 시설관리 담당자는 훨씬 덜 불안해 하였습니다. 만일 근처에 불이라도 날 경우, 이전 같았으면 멀리 있는 본부 건물까지 가서 물을 가져오느라 시간이 많이 걸렸을텐데 지금은 가까이서 물을 받을 수 있어서 마치 비상금을 가지고 있는 것처럼 마음이 든든하다고 합니다.

이와 같은 빗물이용 시스템에 좀 더 욕심을 낸다면, 지역 내에 설치한 모든 빗물탱크의 현재 수위를 실시간으로 파악하고 관리하는 시스템을 설치하는 것을 제안할 수 있습니다. 그래서 지역 주민은 물론 중앙부서 모두가 현재 물탱크에 물이 얼마나 채워져 있는지 파악하고 그에 따라 적절히 대응할 수 있습니다. 여름에는 산불이 비교적 잘 발생하지 않기 때문에, 빗물탱크를 채우고 비우는 것을 잘 관리 한다면 유역 전체의 홍수방지나 가뭄방지 효과도 거둘 수 있으니 그야말로 1석 3조가 될 것입니다.

이것을 공상소설 쯤으로 여기는 독자도 있을지 모르겠습니다만, 실제로 서울시에서는 현재 이 일을 추진하고 있습니다. 즉 새로 짓는 모든 건축물에 빗물 저류조 설치를 의무화하고 수위를 감시하는 시스템을 갖추는 것이지요. 우리나라는 세계 어느 나라보다 IT 기술이 발달했기 때문에 마음만 먹으면 충분히 가능한 일입니다. 이 기술을 이용하면 어느 지역의 빗물탱크에 물이 얼마나 있는지, 어떻게 관리하면 되는지 판단할 수 있습니다. 매해 배정되는 산불 및 홍수관련 예산의 1%만 들여서 이러한 관리 시스템을 구축하면 좋겠습니다.

그리하면 앞으로 수십 년 동안은 산불과 홍수 걱정을 덜게 될 것입니다. 좋은 점은 또 있습니다. 여러 곳에 설치된 빗물탱크를 전담해서 관리할 사람의 일자리가 창출될 것이고, 빗물저장 시스템에 대한 제품이나 시설 설치를 위한 기업도 성공할 수 있을 것입니다.

이처럼 새로운 패러다임의 산불방지 노하우는 외국에도 수출할 수 있습니다. 산불이 잦고 대형 피해가 발생하는 미국과 같은 나라에 수출한다면 큰 소득을 올릴 수 있습니다. 이는 그야말로 전화위복, 위기를 기회로 만들어 국가 경쟁력까지 향상시킬 수 있는 기회가 될 것입니다.

또한 산불이 일어날 때마다 일선 공무원들이나 군인들이 애꿎은 고생을 하지 않아도 됩니다. 그 시간에 좀 더 많은 민원을 처리할 수 있고, 혹은 더욱 창의적인 일을 위해 휴식을 취하는 것이 낫습니다. 또한, 재해 복구비로 들어갈 비용을 아껴 지역 내 반드시 도움이 필요한 곳에 사용할 수도 있습니다. 작은 발상의 전환이 이처럼 돈으로 환산할 수 없는 큰 효과를 거둘 수 있으니, 이 또한 빗물이 가진 무한한 힘의 비밀이라 할 수 있습니다.

🌂 대학 캠퍼스의 물 관리, 독인가 약인가

우리나라 대부분의 대학 캠퍼스는 산을 끼고 지어진 곳이 많습니다. 그래서 물 관리가 무척 까다롭고 의도하지 않았지만 사회적인 물 문제의 원인이 되기도 합니다.

우리나라는 여름에 집중호우가 쏟아지는 열악한 강우패턴과 국토의 70%가 산악 지형이라는 악조건 때문에 물 관리가 무척 어렵습니다. 신도시나 공장, 큰 건물 등에서 물 관리를 하는 것이 쉽지 않습니다. 대학 캠퍼스도 그 중 하나입니다.

대학 캠퍼스 내에서 사용하는 물은 모두 외부에서 공급되기 때문에 물에 대한 자급률이 거의 0%에 가깝습니다. 또한 하수나 빗물 처리도 외부에 의존하고 있기 때문에 물에 관한 한 남의 신세를 지고 있다고 할 수 있습니다. 캠퍼스의 물 자급률을 높이고, 비용도 줄이는 방법이 없는지 한 번 생각해 봅시다.

우리나라 대부분의 대학 캠퍼스는 산을 끼고 지어진 곳이 많습니다. 그래서 물 관리가 무척 까다롭고 의도하지 않았지만 사회적인 물 문제의 원인이 되기도 합니다. 어떤 문제들을 갖고 있는지 살펴보겠습니다.

우선 산비탈 위에 있는 건물까지 수돗물을 공급하려면 비용과 에너지가 많이 듭니다(상수도 문제). 캠퍼스 내에 건물이나 도로 등 빗물이 침투하지 못하는 면적이 증가하면 빗물이 한꺼번에 쉽게 하류로 흘러내려 피해를 주게 됩니다(홍수 문제). 그로 인해 지하수가 보충되지 않아서 근처 하천이 마르게 되는 현상이 나타납니다(건천화 문제).

또한 하수관로의 가장 말단 부분부터 하수 발생량이 증가하므로 상류부터 하류까지 하수관 전체 용량을 모두 다 줄줄이 증설해야 하는 경우도 발생합니다(하수도 문제).

어느 대학교의 경우, 설립이 갑자기 추진되는 바람에 기존의 도시계획상 설계된 상수도 공급 시스템이나 하수도 처리 시스템의 용량, 또는 하천의 용량이 부족해져서 도시 전체의 계획이 뒤틀리는 일도 있습니다(도시계획의 문제). 따라서 이 문제를 인위적으로 해결하기 위해서는 비용이나 에너지가 많이 들어가는 방향으로 바뀌게 되는 것이 당연합니다(사회적 비용의 문제).

어떻습니까. 열거해 놓고 보니 문제점이 한두 가지가 아니군요. 대학에서 가르치는 것 중 하나는 인류가 지속적으로 자연과 더불어 살 수 있게 하는 지혜를 연구하고 가르치는 것인데, 대학 스스로 이런 문제점을 갖고 있다면 그 학문을 연구하는 의미가 퇴색할 것입니다. 하지만 희망적인 것은, 대학 캠퍼스에는 문제점뿐만 아니라 이를 개선하기 위한 유리한 조건 또한 많이 갖고 있다는 사실입니다. 이러한 조건들을 잘만 활용하면 운영비를 줄이고 미래 지향적인 물 관리 방법을 오히려 사회에 확산시킬 수 있습니다. 하나씩 살펴볼까요.

첫째, 학교라는 특성상 물을 대부분 청소용수나 화장실용수 등 생활용수로 사용합니다. 따라서 이를 위해 세계적인 수준의 고급 수돗물을 만들어 공급할 필요는 없습니다. 이런 경우 음용수와 비용음수로 구분 공급하여 대부분의 물을 자체 조달할 수 있습니다. 이때 소량의 음용수만 별도로 공급하는 방안이 더 경제적일 것입니다.

둘째, 학교 건물이 산지에 설치되어 있기 때문에 오히려 이를 충분히 이용할 수 있습니다. 즉 윗 건물에서 받은 빗물을 아래 건물에 자연적으로 흐르게 하는 방식으로 공급하면 에너지를 엄청나게 절약할 수 있습니다. 다행스럽게도 캠퍼스에는 운동장이나 주차장과 같은 비교적 넓은 공간이 많아서 빗물 저류조나 침투시설을 설치할 공간이 많이 있습니다.

셋째, 물의 사용량은 캠퍼스에서 받을 수 있는 빗물의 양에 비하여 비교적 적습니다. 특히 비가 적게 오는 겨울에는 방학 기간이어서 물 사용량이 더 적습니다. 따라서 가을에 빗물을 충분히 모은다면 봄까지 문제없이 사용할 수 있습니다.

넷째, 빗물을 사용함으로써 절감된 비용으로 학교 운영비를 줄일 수 있고 이는 일부지만 등록금 인상 요인을 줄여줄 수도 있습니다. 또한 사회적으로는, 캠퍼스와 관련된 상수도와 하수도의 수송 및 처리 비용을 엄청나게 줄일 수 있습니다. 무엇보다 상류인 캠퍼스에서 빗물을 잡아주기 때문에 하류의 홍수에 대한 안전성을 높일 수 있다는 것이 큰 장점입니다.

그런데 이와 같은 방법이 아무리 많은 장점을 갖고 있다 해도 교육과 실천이 뒤따르지 않는다면 무의미합니다. 따라서 가장 중요한 것은 학생들에 대한 교육입니다. 예컨대, 학생들을 모니터링 요원으로 활용하는 것을 생각해 볼 수 있습니다. 그래서 소속 건물의 물 사용량을 알아보고 낭비의 요인을 없애도록 하되 이때 인센티브를 준다면 물 문제의 본질을 스스로 깨닫게 될 것입니다.

기존의 대학교 캠퍼스에는 물 자급률의 목표치를 정하여 그에 따라 물 관리 마스터플랜을 수립하는 것도 좋겠습니다. 신축 건물에는 비교적 비용이 적게 들기 때문에 물 자급률을 100% 가깝게 할 수도 있습니다. 기존의 건물에 시설을 설치하는 데는 비용이 조금 더 들기 때문에 학교의 여건에 따라 단계적으로 물 자급률의 목표를 잡고 확충하는 계획을 세우는 것이 합리적일 수 있습니다. 시설을 설치한 후에는 건물마다 물 사용량을 계량하여 그 수치를 공개하고 건물별로 수도요금을 부과하면서 적절한 인센티브를 제공할 수도 있습니다. 이 때에도 학생들의 참여를 유도하여 모니터링 요원으로 활용할 수 있겠지요.

2004년에 준공된 서울대학교 기숙사에는 지하에 200톤 짜리 빗물 이용시설을 설치했습니다. 그리고 2000m^2 넓이의 지붕에 떨어진 빗물을 모아 생활용수로 사용하여 2년 동안 약 3,000톤의 수돗물을 절약할 수 있었습니다. 물론 지금도 여전히 잘 사용하고 있습니다. 그 동안 이 빗물시설을 유지 관리하는데 별도의 비용은 한 푼도 들지 않았습니다.

이처럼 하나의 건물만이 아니라 캠퍼스 전체를 물 관리 마스터플랜에 따라 건설이나 관리를 한다면 상수도관로 및 하수도 관로 비용을 줄여 건설 당시부터 비용을 줄일 수 있을 뿐 아니라, 수도요금이나 전기요금 등의 유지관리 비용 역시 엄청나게 줄일 수 있습니다. 나아가 시민의 소중한 세금으로 이루어지는 여러 가지 사회기반 시설의 건설비와 유지관리비도 줄일 수 있습니다.

흔히 대학은 지성의 요람이라고 합니다. 현대의 지성인은 어떤 분야를 공부하든지 기본적으로 자연과 인간이 지속적으로 공존할 수 있는 방법에 대해 한번쯤 고민해봐야 합니다. 그런데 자신들이 몸담고

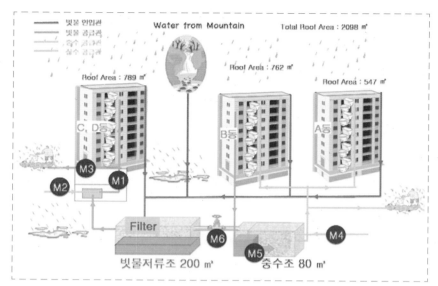

<서울대학교 기숙사 빗물이용시설 개략도>

있는 캠퍼스의 지속가능한 삶의 수준을 끌어올리지도 못하면서 장차
우리 사회나 나아가 인류의 지속가능한 삶에 공헌한다는 것이 무슨
의미가 있을까요. 우선 내가 서 있는 곳, 나를 둘러싼 환경부터 살만
한 곳으로 만드는 지혜가 필요합니다.

4장

빗물, 어떻게 이용할 것인가

'구슬이 세말이라도 꿰어야 보배'라는 말이 있습니다. 아무리 훌륭한 재료와 쓰임새가 마련되어 있다 해도 그것을 '어떻게' 사용하느냐에 따라 그 가치는 달라집니다. 빗물을 이용하는 것이 우리 삶을 얼마나 가치 있게 해주는지 인류의 지속가능한 삶을 얼마나 보장해주는지 백 번을 깨달았다 해도 그것을 효과적으로 이용하는 방법을 모른다면 그것은 보배가 아니라 그저 흩어진 구슬에 불과합니다.

이 장에서는 빗물을 이용할 때 어떻게 해야 그 효율성을 최대화할 수 있는지 알아보겠습니다.

빗물, 위에서 모으면 흑자, 밑에서 모으면 적자

밑에서 모은 빗물을 어떤 용도로 사용하기 위해서는 일종의 '동력'이 필요합니다. 반면 위에서 모은 빗물은 동력이 전혀 들지 않을 뿐만 아니라 빗물이 가진 에너지를 이용하여 다른 일을 할 수도 있습니다.

빗물을 모으고 사용하는 것은 어느 모로 보나 생활에 유용한 일입니다. 그 중 한 가지 간과하지 말아야 할 것은, 경제성입니다. 먼저 빗물과 강물의 처리 비용에 대해 살펴보겠습니다.

처리비용은 물 속에서 제거해야 할 이물질의 양에 비례합니다. 여러분도 잘 아시다시피 강물을 그냥 떠서 바로 사용할 수는 없습니다. 어떤 식으로든 처리를 해야 합니다. 이때 강물에는 처리해야 할 이물질이 많을 뿐 아니라 최근에는 환경호르몬과 같은 아직 확인되지 않은 이물질이 상당량 존재합니다. 그러므로 현재 아무리 많은 비용을 들여 완벽하게 처리해 음용수 수질기준에 맞는다 해도 안심할 수 없습니다. 언젠가 또 다른 듣지도 보지도 못했던 물질이 나타날 경우 다시 비용을 들여 처리를 해야 하기 때문입니다.

그렇다면 빗물은 어떨까요 앞서 계속 읽어온 독자라면 빗물이 얼마나 깨끗하고 안전한지 아셨을 것입니다. 빗물에서 문제가 되는 것은 황사와 같은 입자상 물질, 산성도 그리고 미생물 정도입니다. 산성도는 앞장에서 설명했듯이 쉽게 중화가 되고, 입자상 물질은 화학약품을 쓰지 않고도 자연침전만으로 분리할 수 있습니다. 미생물은 간단한 소독을 하거나 끓이면 얼마든지 제거가 가능합니다. 따라서 음용수로 바로 이용할 수 있습니다. 빗물 속에 이들 물질 외에 다른 이물질이 문제시 될 정도로 많이 들어 있다고 보고 된 예는 아직 없습니다.

빗물의 경제성은 수송비에서도 그 진가를 발휘합니다. 빗물은 떨어진 그 자리에서 사용할 수 있기 때문에 달리 수송비가 들지 않습니다. 반면에 댐이나 하천의 물을 일반 가정으로 공급하기까지는 수많은 과정을 거치기 때문에 당연히 수송비가 많이 듭니다. 그런데 만일 정전이나 수질오염 사고와 같은 비상사태가 발생했을 때는 안정적인 공급을 하는 것이 어려워집니다. 하지만 빗물은 어떤 비상사태에도 끄떡없습니다.

그렇다면 빗물을 어느 위치에서 받는 것이 가장 좋을까요. 같은 양의 빗물을 받더라도 산에서 받을 수도 있고 도로를 지나 하천에 들어가기 직전에 받을 수도 있습니다. 이때 받은 위치에 따라 수질과 위치에너지가 엄청나게 달라집니다. 우선 수질 면에서 보자면 '위'에서 모을수록 깨끗하고 '밑'에서 모을수록 더럽습니다. 이때 더러운 물을 사용 목적에 맞게 처리하기 위해서는 비용이 많이 듭니다. 하지만 상류에서 받은 물은 처리할 필요가 없으니 달리 비용이 들어갈 일이 없습니다.

그리고 밑에서 모은 빗물을 어떤 용도로 사용하기 위해서는 일종의 '동력'이 필요합니다. 반면 위에서 모은 빗물은 동력이 전혀 들지 않을 뿐만 아니라 빗물이 가진 위치에너지를 이용하여 다른 일을 할 수도 있습니다. 예컨대, 물레방아를 돌릴 수도 있고 자연분수도 만들

수 있지요. 하지만 위치 에너지가 낮아진 빗물을 다시 위로 보내려면 펌프와 같은 에너지를 투입해야 합니다. 위에서 빗물을 모으면 에너지를 활용할 수 있지만, 밑에서 모으면 오히려 에너지를 소비해야 하는 것입니다.

빗물의 위치 에너지는 또 다른 상황을 불러옵니다. 빗물은 일단 땅에 떨어진 다음에 낮은 곳으로 흐르게 되어 있습니다. 이 때 그 에너지에 의해 토양이 침식되기도 하고 하수관에 쌓인 찌꺼기가 씻겨 내려가기도 합니다. 그래서 비가 온 후에 하천이 흙탕물이 되는 것입니다. 반면에 위에서 빗물을 모으면 토양침식도 막고 하수관의 찌꺼기를 떠오르게 하지도 않습니다. 하천의 흙탕물이 줄어드니 이를 처리하기 위한 비용 또한 절감됩니다.

다행히 우리나라는 산이 많은 지형입니다. 산과 같은 높은 지역에 떨어진 빗물을 모아두면 홍수도 예방할 수 있을 뿐 아니라 별도의 에너지를 사용할 필요 없이 자연적으로 땅에 침투시켜 지하수위도 보충해줄 수 있습니다. 도시에서는 건물에 빗물을 받을 공간을 확보해 빗물을 모아두면 됩니다.

빗물을 밑에서 모으면 또 다른 단점이 있는데, 바로 규모가 커진다는 것입니다. 여러 곳에서 내려오는 빗물을 받아야 하기 때문입니다. 규모가 커지면 그 비용 또한 커진다는 것은 당연한 이치입니다. 즉 빗물을 모을 공간을 만들려면 예산과 시간이 많이 들고 경우에 따라서는 민원도 발생할 수 있습니다. 반면 위에서 모으면 규모가 작아도 되기 때문에 공사기간과 예산이 줄어들 것입니다. 이처럼 빗물이 떨어진 바로 그 자리에서 모아서 더러워지기 전에 유용하게 사용하는 법

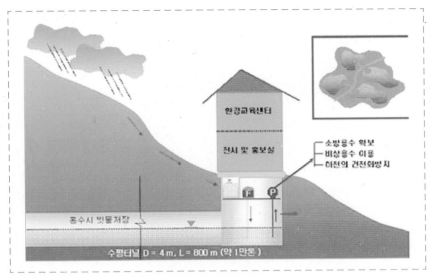

〈산중턱 터널형 빗물저장조 및 환경교육센터〉

을 소스 컨트롤(source control)이라고 합니다.

몇 해 전, 국토교통부에서는 홍수 방지용으로 하천변에 홍수 조절
지를 만드는 계획을 수립했습니다. 아파트 단지와 같은 곳에 만들 때
에도 대개 그 하류 부분에 유수지를 만드는 것이 일반화되어 있습니
다. 이는 모두 에너지를 잃어버린 더러운 빗물을 밑에서 모으는 방법
입니다.

산이 많은 우리나라의 실정에 맞게 산중턱에 터널형 빗물 저장조
(약 1만~10만 톤 규모)를 만드는 것을 제안해 봅니다. 현재 우리의 기술
로 얼마든지 이런 시설을 적은 비용으로 만들 수 있습니다. 지역마다
이런 저장조를 여러 개 만들어 여름에는 빗물을 저장하고 가을이나
겨울에 천천히 하천으로 흘려보내거나 지하로 침투시키든지 산불과
같은 비상시에 사용할 수 있을 것입니다.

기왕에 이용할 빗물이라면 이처럼 좀 더 현명한 방법을 동원해 같은 비용으로 더 큰 효과를 거둘 수 있기를 기대해봅니다.

☁☁ 히딩크에게서 배우는 빗물관리 전략

> 3류 팀의 축구에서는 수비수와 공격수는 각자의 포지션에서 자신의 임무에만 최선을 다하면 됩니다.

독자 여러분 중에 히딩크가 누구인지 모르는 사람은 아마 거의 없을 것입니다. 한 번도 월드컵 16강에조차 오르지 못했던 대한민국 축구팀을 단숨에 4강까지 끌어올린 신화적인 인물. 아무도 그가 그런 기적을 이끌어 내리라고 짐작하지 못했습니다. 오히려 그가 우리 축구팀에 시도했던 새로운 시도들에 대해 비웃는 사람들도 많았습니다. 그가 시도했던 전략 중에 특히 우리가 눈여겨봐야 할 것이 있습니다. 바로 멀티 플레이어(Multi Player) 전략입니다.

3류 팀의 축구에서는 수비수와 공격수는 각자의 포지션에서 자신의 임무에만 최선을 다하면 됩니다. 만약 수비수가 공격에라도 가담했다가 운 좋게 한 골이라도 놓으면 엄청난 찬사를 받겠지만 실패라도 하게 되면 괜히 욕이나 먹기 십상입니다. 그런데 1류 팀의 특징 중 하나가 바로 이 멀티 플레이어 전략입니다. 즉 자신의 포지션을 가리지 않고 게임 전체의 흐름을 파악하고 있다가 찬스를 잡아 팀을 승리로 이끄는 것입니다. 그들에게 게임의 목적은 자신의 포지션을 얼마나 잘 지키느냐에 있지 않고 팀을 승리로 이끄는 것입니다. 히딩크 이전에 우리나라 축구팀의 패러다임은 자신의 포지션에만 충실하면 된다는 식이었습니다. 그런데 그 고정된 틀을 깨버리자 결국 4강 신화의 기적을 이뤄낸 것입니다.

서두부터 축구 이야기가 좀 길어졌습니다만, 이런 이야기를 꺼내는 것은, 물 관리 분야에서도 이러한 멀티 플레이어 전략이 필요하기 때문입니다. 잘 아시다시피 우리나라는 매년 홍수와 가뭄을 반복적으로 겪고 있습니다. 이에 대한 대책으로 정부는 댐이나 하천개수, 빗물 펌프장 등을 증설하느라 매년 많은 예산을 투입하고 있습니다. 그러나 이런 시설들은 일 년에 사용하는 날이 며칠 되지 않습니다. 돈을 많이 들였으면서도 오히려 사용하지 않는 것이 다행이라고 생각하지요.

그런데 이상하게도 이러한 시설들의 경제성이나 효용성에 대해 아무도 이의를 제기하지 않습니다. 더욱 답답한 것은, 장마철이 아닌 대부분의 날에는 물이 없어 쩔쩔 매고 가뭄이 들거나 하천에 물이 마르기도 한다는 사실입니다. 그리고 홍수에 대비하기 위한 예산을 투입하는 부서는 있는데, 가뭄이나 하천 물이 마르는 문제에 대해 대비하는 부서가 없다는 것도 이상합니다.

이러한 문제점을 다시 축구 게임으로 비유해 보겠습니다. 3류 팀은 수비수와 공격수로 나누어 경기를 펼칩니다. 이때 공격수는 상대방의 골문 근처에 있다가 수비수가 공을 보내주면 공격을 합니다. 또한 공격수는 수비에 가담하지 않고 있다가 상대팀에 골을 내주게 되면 수비수만 욕을 먹게 됩니다. 어쩌다 골을 하나 넣으면 공격수는 온전히 자기 힘으로만 골을 넣은 양 우쭐댑니다. 하지만 축구란 공격수와 수비수 전체가 조화를 이뤄야 멋진 플레이를 할 수 있습니다. 이러한 경기 스타일에 일대 혁신을 불러온 것이 바로 히딩크 감독의 멀티 플레이어 전략입니다.

우리나라의 물 관리 문제점을 풀기 위해 멀티 플레이어 전략을 응용해 보겠습니다. 우리나라 물 관리의 어려운 점은 바로 홍수와 가뭄을 어떻게 적절히 조화를 시키느냐에 있습니다. 일 년에 몇 번밖에 쓰지 않을 홍수 방지에만 신경을 쓸 것이 아니라, 나머지 기간에도 똑같이 신경을 써야 합니다. 어떻게 하냐고요? 간단합니다. 비가 많이 올 때 모아뒀다가 그 이후에 천천히 내보내는 것입니다. 댐이 그런 역할을 하지 않느냐고요? 맞습니다. 댐이 바로 그런 역할을 하도록 기용된 대표선수입니다. 그런데 이 댐이라는 선수는 죽어라 자기 포지션만 고집을 해서 홍수에만 사용되고 있으며, 다른 지역에서 물이 넘치거나 모자라는 것은 전혀 상관하지 않습니다. 그야말로 강 건너 물 구경만 하고 있습니다. 사실 도심지역에 발생하는 홍수에 대해 멀리 있는 댐은 전혀 도움을 주지 못합니다. 댐이 아무리 크더라도 한꺼번에 그 물을 비워둬야 그 다음에 오는 홍수에 대비할 수 있습니다. 그런데 많은 물을 버릴 곳이 없습니다.

하지만 빗물 이용시설은 다릅니다. 도시 전역에 걸쳐 수많은 작은 저류조를 만들어두고 IT 기술을 이용해 감시하고 관리한다면 댐의 기능을 충분히 할 수 있습니다. 이는 작은 댐을 여러 곳에 분산해 둔 셈이라고 보면 됩니다.

또 어떤 선수는 물 절약이라는 포지션에만 집착하고 있어서 물이 많든 적든 "물 절약!"만 외치고 있습니다. 도시 열섬현상이 갈수록 심각해지는데 이 문제에 대한 대책을 아무도 세우지 않고 있습니다. 지하수위는 점점 떨어져가고 하천은 말라가는데 이 문제에 대해 아무도 책임을 지지 않습니다. 수질오염 관련 부서에서는 수량에 대해서는 생각하지 않고 오로지 수질 분석만 잘하면 된다고 생각합니다. 이 모든 것이 전반적인 게임의 흐름을 파악하지 못한 채 자기 포지션만을 사수하면 그만이라고 생각하는 3류 축구팀의 태도와 다름이 없습니다.

물 관리 부분에서도 이제 멀티 플레이 전략이 필요합니다. 도시든 농촌이든 가능한 모든 곳에 빗물 모으기 시설을 만들어두고 비가 많이 올 때 모아야 합니다. 모은 빗물로 지하수를 보충하고 마른 하천에 물을 흐르게 하며 도시 열섬현상도 방지하고 화재를 진압할 때도 쓸 수 있으며 생활용수는 물론 식수로도 이용할 수 있으니 이 얼마나 훌륭한 멀티 플레이어입니까!

큰 솥에 밥을 지어먹는 신혼부부

> 20년 빈도의 강우에 대한 설계를 한다는 것은 20년 만에 한 번 올만큼 큰 비에 대비한 시설을 만든다는 뜻입니다.

어느 젊은 부부가 결혼해 처음으로 살림을 장만하는데, 손님들을 초대할 것에 대비해 아예 큰 솥을 장만했습니다. 집들이를 할 때 그 솥은 아주 요긴하게 쓰였습니다. 부부는 뿌듯해 했습니다. 이제 앞으로 손님을 치를 때마다 밥솥 걱정은 안 해도 되겠다 싶어서 말입니다. 하지만 그 후로는 오랫동안 참 난감해 했습니다. 초기 투자비용도 컸지만 부피가 커서 보관하기도 힘들고 한 번 밥을 짓고 나면 설거지하기도 너무 힘든 것이었습니다. 일 년에 몇 번 초대하지도 않을 손님들에 대비해 큰 솥을 장만해놓고 그런 불편을 겪으니 이 얼마나 비효율적인 일입니까. 이 부부에게 여러분은 어떤 충고를 해주시겠습니까? 평소에 2인용의 작은 솥을 장만해놓고, 집안에 행사가 있을 때는 이웃집에서 빌린다든지, 혹시 빌리는 것이 어렵다면, 손님 초대시간을 분산시키면 됩니다.

이와 같은 해법은 우리 사회 일각에도 해당됩니다. 예를 들어 수능시험을 치르는 날 수험생 수송대책을 보면 이러한 해법이 적용된다는 것을 알 수 있습니다. 만일 수능시험을 보는 날 수험생과 출근하는 직장인, 시험과 상관없는 다른 학생 등이 모두 한꺼번에 움직이려면 도로나 교통수단의 수송능력이 모자라게 됩니다. 자칫하다가는 교통 체증으로 인해 수험생이 제 시간에 시험실에 도착하지 못하는 사태가 벌어질 수 있습니다. 이럴 경우를 대비해 도로를 넓힌다든지 수송시설의 용량을 늘린다면 이는 비경제적일 뿐만 아니라 불가능에 가깝습니다. 그런데, 이럴 때에 우리 사회가 채택하고 있는 해법이 있습니다. 바로 출근시간 시차제입니다. 가장 바쁜 시간에 승객의 일부를 분산시켜 천천히 나오도록 하는 것입니다. 얼마나 효율적인 방안입니까.

이러한 개념을 빗물관리 시설에 적용시켜 생각해 보겠습니다. 우리나라는 여름에 잠깐 집중적으로 비가 오는데 여기에 맞춰 크고 비싼 시설을 만드는 것이 과연 합리적일까요? 현재 만들어져 있는 시설들은 과연 그 규모가 적절한 걸까요? 혹시 그 규모를 줄여서 값싸게 만들 수는 없는지, 비가 적게 오는 겨울에도 그 시설을 활용할 방안은 없는지 등의 질문으로부터 출발하겠습니다.

우리 주변에 있는 빗물관리 시설로는 빗물 펌프장과 하천, 댐 등이 있습니다. 처음에 이들의 규모를 결정할 때는 설계빈도라는 것을 이용합니다. 예를 들어, 20년 빈도의 강우에 대한 설계를 한다는 것은 20년 만에 한 번 올만큼 큰 비에 대비한다는 뜻입니다. 그런데 문제는, 그 정도의 큰 비가 올 때는 안전할 수 있지만, 그보다 적은 비가 올 때는 비효율적이라는 사실이지요. 우리나라의 강우 특성상 일년 중 거의 대부분은 애초의 설계 용량보다 비가 적게 오기 때문에 비효율적인 것입니다. 반대로 생각해도 마찬가지입니다. 기후변화에 의해 만일 비가 설계 용량보다 더 많이 올 때는 오히려 처리 용량이 모자라게 되는 문제가 발생합니다. 각 시설에 대해 하나씩 살펴보겠습니다.

(1) 빗물 펌프장

빗물 펌프장은 일년 중 비가 많이 내리는 여름 한철 중 단 몇 일 동안만 그 존재가치를 발휘합니다. 나머지 시간은 가동되는 일이 전혀 없습니다. 그런데도 많은 예산을 들여 시설을 만들고 또 그것을 관리하기 위해 일년 내내 많은 인력이 필요합니다. 경우에 따라서는 이러한 시설을 만든다고 남의 토지를 수용하기까지 해서 주민들의 원망을 살 때도 있습니다.

(2) 하천수로의 단면

하천 수로는 여름에 물이 최대로 많이 흐를 때를 대비하여 큰 단면을 만들어놓습니다. 그런데 하천 역시 여름 이외의 기간에는 물이 적게 흐릅니다. 제방의 최대 높이까지 물이 차서 흐르는 것은 몇 십 년 또는 몇 백 년에 한 번 오는 비에 대비하여 맞춘 것입니다. 평소에는 최대 허용치보다 물이 훨씬 적게 흐릅니다. 게다가 하천을 넓고 깊게 만들어 물을 너무 잘 내려 보내다보니, 겨울처럼 가물 때는 하천에 물이 너무 적게 흘러서 보기가 좋지 않습니다. 그런데도 앞으로 더 큰 비가 올 때를 대비하여 모든 하천 제방을 높이려는 지역이 있다고 합니다.

(3) 댐의 수위

댐도 마찬가지입니다. 만약 500년 만에 한 번 올까말까 한 비에 맞춰 설계를 한다면 댐의 높이는 무척 높아질 것입니다. 그런데 댐은 대개 최대 수위까지 채우기도 전에 물을 방류하기 때문에 최대 높이를 사용하는 경우는 거의 없습니다. 그런가 하면 갈수기에는 댐에서 상수원수를 공급해야 하기 때문에 항상 일정량의 물은 가지고 있어야 합니다. 따라서 최저수위 이하로 낮출 수도 없습니다. 그러므로 아무리 높은 댐이라 해도 실제로 이용 가능한 수위는 보통 생각하는 수치보다 훨씬 낮습니다. 용량을 충분히 사용하지 못한다는 얘기입니다.

이렇게 우리나라의 치수(治水)시설은 모두 다 몇 십 년 혹은 몇 백 년에 한 번 있을 큰 비에 대비하여 크게 만들어 놓았습니다. 비효율적이며 불편한 측면이 있습니다. 이는 마치 일년에 한 두 번 큰 손님이 올 것에 대비하여 큰 솥을 장만해놓고 그것을 관리하기 힘들어 쩔쩔 매는 부부와 다를 바 없습니다. 차라리 그렇게 큰 솥을 살 돈으로 작은 솥 몇 개를 사서 평소 2인 분의 밥을 지어먹고, 손님들이 오면 가스렌지 위에 작은 솥 여러 개를 올려놓고 한꺼번에 밥을 하는 게 나을 것입니다.

물론 지금까지 우리나라의 치수시설은 우리 사회의 생명과 재산을 든든히 지켜온 것이 사실입니다. 하지만 이것이 여름 한철용이기 때문에 지금의 시설로 일년 내내 홍수와 가뭄을 동시에 생각하고 물 관리를 담당할 때 효율적이지 않을 수 있습니다. 그리고 여름에만 하는 물 관리가 아니라 겨울에도 할 수 있는 전천후 물 관리 방법을 채택해야 합니다. 물론 이 방법은 새로운 패러다임의 분산화된 빗물이용 시설을 통하면 가능합니다. 비효율적인 대형 시설보다 분산화된 시설을 이용한다면 홍수는 물론 가뭄 해소, 수질오염 방지, 지하수 확보, 하천의 건천화 방지 등 모든 물 관리가 쉽게 해결되는 실마리가 보일 것입니다.

🌀☁ 깨진 독에 물 채우기

독에 물을 채우는 것이 아니라, 물에 독을 넣는 것처럼 말입니다. 그것은 바로, 작은 규모의 빗물탱크를 여러 개 만들어 분산형으로 빗물을 관리하는 것입니다.

예전에 개봉했던 〈달마야 놀자〉라는 영화에 보면 아주 재미있는 장면이 나옵니다. 절에 숨어든 조폭들을 내쫓기 위해 스님들이 게임을

제안하는데, 그 중 밑 빠진 독에 물을 가득 채우는 내기가 있습니다. 이 난감한 도전과제에 조폭들은 별의 별 희한한 방법으로 독에 물을 채우려고 하다가 실패를 거듭합니다. 이 때 누군가 기발한 방법으로 독에 물을 가득 채워 넣습니다. 아마 영화를 보신 분은 아실 것입니다. 그것은 바로 깨진 독을 강물 속에 넣는 것이었습니다. 물을 독에 넣는 것이 아니라, 독을 물 속에 넣은 발상의 전환인 셈입니다.

이번에는 제가 물독을 이용한 다른 내기를 제안해 보겠습니다. 물 한 바가지로 큰 독의 물이 넘치도록 하는 내기입니다. 여러분은 아마 독이 얼마나 작기에 한 바가지의 물로 넘치게 한다는 말인가, 라고 생각할 것입니다. 제가 제안한 독은 일반적인 크기의 독입니다. 그런데 사실 이 독에는 이미 물이 찰랑찰랑하게 채워져 있습니다. 그 물이 넘치게 하려면 한 바가지의 물만 살짝 부어도 됩니다. 그 독의 크기와 상관없이 말입니다.

그럼 이번에는 좀 더 진지한 내기를 해보겠습니다. 비가 아무리 많이 와도 홍수가 나지 않도록 하는 내기입니다. 그런 게 어디 있냐고요. 여기 있습니다. 홍수란 하천이나 하수도가 흘려내릴 수 있는 능력보다 더 많은 물이 흘러 들어오기 때문에 발생하는 것입니다. 일단 물이 제방을 넘으면 제방은 무너집니다. 물론 어떤 제방은 튼튼하게 만들어서 비가 좀 더 오더라도 문제가 없는 반면, 어떤 제방은 허술해서 비가 조금만 더 와도 홍수가 발생합니다. 이럴 땐 하천의 크기가 아무리 크다 해도 비가 약간만 더 와도 넘치게 됩니다. 꽉 차 있는 독에 한 바가지의 물만 더 들어가도 넘치는 것과 같은 이치입니다.

우리는 지금까지 밑 빠진 독에 물 붓기 식으로 엄청난 비용을 수해

방지나 복구에 사용해 왔지만 해마다 복구비와 인명 피해는 늘어가기만 합니다. 홍수에 대비하기 위해 제방을 높이 쌓고 큰 규모의 댐을 만들었는데도 말입니다. 그런데 이런 큰 시설들을 한 번 만들기 위해서는 예산도 많이 들고 주민들의 반대도 무릅써야 합니다.

여기서 좀 전에 제안했던 내기(비가 아무리 많이 와도 홍수가 나지 않도록 하는)에 대한 해결책을 제시하겠습니다. 이는 발상의 전환이 이뤄져야 하는 일입니다. 독에 물을 채우는 것이 아니라, 물에 독을 넣는 것처럼 말입니다. 그것은 바로, 작은 규모의 빗물탱크를 여러 개 만들어 분산형으로 빗물을 관리하는 것입니다.

특히 학교 등 공공시설이나 대형 건물 등에 빗물탱크를 설치하여 홍수가 발생했을 때 빗물을 잡아주면 좋습니다. 그 우선 순위는 상습 침수 구역이나 홍수 다발지역의 상류, 또는 그린벨트 내에 새로 짓는 건물들입니다. 그 외에는 여러분이 살고 있는 지역의 하수도나 하천의 상대적인 위험도를 조사하여 그에 따른 장기적인 수해방지 대책을 세워야합니다. 수해가 난 후에 복구비를 쓰기보다 미리 빗물 저류조를 만들도록 합시다. 이것은 그저 재미있자고 하는 내기도 아니고 개인적인 이익을 보기 위해 하는 내기도 아닙니다. 우리 모두와 우리 후손의 안전을 위해 반드시 필요한 내기이며 그 해답입니다.

순서를 바꾸면 물 관리 해법이 보인다

마치 축구 경기를 할 때, 골문에 서 있던 골키퍼가 공이 자신을 향해 날아올 때는 가만히 서서 보다가 공이 들어간 이후에야 몸을 날린다고 생각해 보세요.

'모로 가도 서울만 가면 된다.'는 속담이 있습니다. 방법이나 순서가 어찌 되었든 목적만 달성하면 된다는 뜻입니다. 언뜻 들으면 맞는 말 같지만 이 말에는 허점이 있습니다. 즉 목적을 달성하는 과정에서 효율성이나 경제성을 고려하지 않았다는 것입니다. 모로 가는 것이 한 두 번은 좋을지 모르지만 매번 좋지는 않습니다. 같은 일을 해도 순서를 바꾸면 오히려 비효율적인 경우가 있기 때문입니다. 예를 들어 공부를 충분히 하지 못해서 시험을 망친 학생이 있다고 가정해 보겠습니다. 뒤늦게 후회한 이 학생은 시험이 끝난 후 열심히 공부를 합니다. 그러나 덕분에 그 학생이 지식은 얻었을지 모르지만 성적엔 전혀 영향을 미치지 못했습니다.

다른 예를 하나 들어보겠습니다. 순서를 바꾸는 것이 전혀 무의미한 경우도 있습니다. 마치 축구 경기를 할 때, 골문에 서 있던 골키퍼가 공이 자신을 향해 날아올 때는 가만히 서서 보다가 공이 들어간 이후에야 몸을 날린다고 생각해 보십시오. 이렇듯 순서를 지키지 못해 안타까워하거나 손해를 보는 경우는 우리의 일상생활에서 얼마든지 볼 수 있습니다.

우리의 물 관리 방법도 이러한 관점에서 한 번 생각해 볼 필요가 있습니다. 우리의 이상형은 평소 공부를 잘해서 시험을 잘 본 학생이나, 골이 들어가기 전에 골을 막는 골키퍼입니다. 마찬가지로 물 관리를 하는 목표는 홍수 때문에 사람이 죽고, 재산 피해를 입고, 하천 수질이 나빠지는 것을 사전에 방지하기 위한 것입니다. 그런데 그 수단이 과연 우리의 실정에 맞는 가장 효율적인 것인지 한 번 따져보아야 합니다. 즉 최선을 다해 인명과 재산 피해를 최소화하고 경제적인 물관리 정책을 펴고 있느냐 하는 것이지요. 그저 관행에 따라, 외국에서 한다고, 또는 정책방향을 쉽게 바꾸기 어렵다고 비효율적인 수단을 그대로 두고 있는 것은 아닌지 따져봐야 합니다.

현재 우리나라의 물 관리 정책이란, 미리 미리 최선의 대비를 안하고 있다가 홍수가 나면 하늘만 탓하면서 그때부터 복구를 하느라 예산과 시간을 투입하는 형국입니다. 큰 비는 우리 역사상 매년 찾아오고 그 피해는 예고 없이 일어나는데, 매번 소 잃고 외양간 고치는식으로하니 안타까운 마음입니다.

순서를 바꾸어 피해를 당하기 전에 미리 대비할 수 있는 방법을 찾아봐야 합니다. 현재 우리나라에 설치되어 있는 집중형 홍수방재 시스템으로는 매년 똑같은 홍수 피해를 막아낼 수 없습니다. 이 시스템을 보완하여 전 지역에 걸쳐 분산형 홍수방재 시스템을 적용한다면 비교적 적은 예산으로 많은 지역에 혜택을 줄 수 있습니다.

이러한 방법으로 하천 수질 오염 문제도 해결할 수 있습니다. 하천 수질을 오염시키는 큰 원인 중의 하나가 비점오염원입니다. 즉, 비가 올 때 도로나 논밭에서 빗물과 함께 오염물질이 강물로 흘러드는것입니다. 그래서 일본의 동경이나 대판과 같은 대도시에서는 침수를 예방하고 하천 수질 오염도 방지하기 위해 도시 중심부 지하에 거대한 터널을 만들어 두었습니다. 그리고는 비가 오면 빗물을 일단 이곳에 저장한 후 비가 그치면 펌프로 퍼내 하수처리장으로 방류하고 있습니다. 이 터널의 효과를 본 동경도청은 동경 시내 전체로 이 시설을 확장할 계획으로 공사를 진행 중인데, 무려 40년에 걸쳐 총 200억 엔(한화 약 2760억 원)이 들 것으로 예상된다고 합니다.

돈이나 시간도 문제지만, 여기서 순서라는 면에서 그 효율성을 한번 따져보겠습니다. 하늘에서 비가 내릴 때 그 빗물은 세상에서 가장 깨끗하다고 앞서 재차 강조했습니다. 그렇게 깨끗했던 빗물이 더러워지는 것은 지상의 온갖 오염물과 섞이기 때문이지요. 그렇게 더러워지게 한 다음 지하에 있는 큰 터널에 한꺼번에 모아놓습니다. 그리고는 많은 에너지를 들여 처리를 하여 다시 퍼 올려서 씁니다. 자, 여기서 한번 생각해 보겠습니다. 왜 굳이 더럽게 만든 다음 밑에 집어넣어서 비싼 비용과 에너지를 들여 다시 퍼올려 쓰는 걸까요? 더러워지기 전에 비용도 에너지도 들일 필요 없이 쓸 수 있다면 얼마나 좋을까요?

역시 해답은 분산형 빗물관리에 있습니다. 순서를 바꾸는 것입니다. 여러 개의 작은 빗물저류 시설을 전 지역에 걸쳐 골고루 설치해놓으면 깨끗한 빗물을 아무런 대가 없이 쓸 수 있습니다. 이것이 바로 순서의 효율성입니다.

수세식 화장실의 비효율성에 대해서도 한 번 생각해 보겠습니다. 수세식 화장실은 1-2리터 정도의 용변을 본 다음 그것을 약 9-15리터(변기의 종류에 따라 다릅니다.) 정도의 물로 희석해서 내보낸 후 하수관로를 통해 끌고 가 처리한 후 강으로 흘려보내는 시스템으로 되어 있습니다. 그런데 비가 많이 올 때는 처리 용량밖에 처리하지 못하니까 일부하수는 처리하지 못한 상태로 강으로 그냥 흘려보낼 수밖에 없습니다. 그동안 정부에서 강의 수질을 개선하기 위해 많은 돈을 퍼부었지만 그 효과는 미미합니다. 그야말로 강물과 함께 흘러가버린 셈입니다.

물 전문가의 입장에서 보면 이것은 매우 안타까운 일입니다. 많은 양의 깨끗한 수돗물에 적은 양의 오물을 섞어 모두 다 더럽게 만든 다음, 그 많은 양을 처리하려고 많은 돈을 들이고, 어떤 때는 그것마저 다 처리하지 못해 흘러넘쳐 강물이 오염되면 그 수질을 개선한다고 또 비용을 들이고 있으니 비효율적인 일이 아닐 수 없습니다.

그렇다면 어떻게 이 문제를 해결할 수 있을까요? 간단합니다. 물을 섞지 말든지, 섞는 물의 양을 줄이면 상당 부분 문제가 해결됩니다. 말하자면 비행기 화장실의 원리와 같은 것입니다. 1-2리터의 용변을 물로 희석하지 않고 처리하는 방법을 이용하면 운반비용도 적게 들뿐만 아니라 비가 많이 올 때 강물에 흘려보낼 염려도 없습니다. 지금까지는 마음대로 물을 사용하도록 공급한 다음, 그것을 모아서 처리를 해왔지만 그 순서를 바꿔 그것이 발생되는 지점에서 발생량부터 줄인다면 운반과 처리에서 엄청난 비용을 절약할 수 있습니다. 당연히 하천 수질도 개선됩니다. 따라서 정책적으로 수세식 화장실을 초절수형으로 보급하는 문제를 생각해봐야 합니다.

어떤 사람은 이렇게 말할지도 모릅겠습니다. 선진국에서도 다 그렇게 하고 있고, 현재 우리의 모든 시스템과 정책이 그렇게 되어 있는데 어떻게 갑자기 고치겠는가, 하고 말입니다. 물론 지금 당장 모든 시스템을 뜯어고치고 물 문제를 해결하기는 힘들것입니다. 다만 강조하고자 하는 것은, 지금까지의 고정관념에 얽매이지 말고 서서히 그 것에서 벗어나 보다 합리적인 대안을 시도하자는 것입니다.

어떤 일이든 진행할 때 순서의 중요성은 아무리 강조해도 지나치지 않습니다. 그것은 요리를 할 때 가장 중요합니다. 예컨대, 요리를 할 때 다른 양념은 모두 다 미리 넣지만 참기름은 가장 나중에 넣습니다. 기름부터 넣으면 다른 양념이 잘 배지 않기 때문입니다. 물 관리를 할 때도 마찬가지입니다. 순서의 효율성을 잘 가려 지킨다면 문제는 간단히 해결됩니다. 담당 공무원들이 이것을 깨닫게 하기 위해 어떻게 해야 할까요. 그들에게 요리 강습과 실습을 한 번 받아보라고 추천하겠습니다.

☁ 비스킷에 구멍이 많은 이유

비가 조금 내리면 모두 다 땅으로 침투가 되지만, 갑자기 많이 쏟아지는 비는 모두 다 침투되기 어렵습니다.

예전에 어느 TV 광고 중 이런 장면이 있었습니다. 기저귀에 물을 한 컵 부어도 전혀 물이 새지 않는다는 것이었습니다. 이 기저귀 제품의 놀라운 흡수력을 보여주기 위한 장면이었습니다. 하지만 그들은 소비자에게 보여준 것보다 더 많은 물을 붓거나, 한번 젖은 기저귀에 다시 물을 다시 붓는 것을 보여주지는 않습니다. 왜냐하면 그 기저귀가 흡수할 수 있는 능력 이상의 물을 부으면 그 기능을 잃고 물이 그대로 흘러나간다는 것을 알기 때문입니다.

빗물이 침투하지 못하는 포장 도로 때문에 물의 순환이 원활하게 이루어지지 않는다는 것이 조금씩 알려지면서, 요즘 침투성 포장이 권장되는 추세입니다. 그런데 이것이 확산되기에 앞서 먼저 그 침투 효과가 과연 얼마나 되는지 한 번 살펴볼 필요가 있습니다.

사실 침투성 포장이 지하수를 보충하는데 효과적이라고 하나, 그 것이 만능은 아닙니다. 우선 내리는 비의 양 때문입니다. 비가 조금 내리면 모두 다 땅으로 침투되지만, 갑자기 많이 쏟아지는 비는 모두 다 침투되기 어렵습니다. 이는 마치, 아무리 위가 큰 사람이라 해도 갑자기 한꺼번에 많은 음식을 먹기는 힘든 것과 같습니다.

둘째, 도로의 구조도 문제가 됩니다. 도로는 포장면 밑에 여러 겹 의 단단한 층이 있습니다. 이때 빗물이 침투되는 속도는 포장면 밑의 여러 층 중에 가장 침투속도가 낮은 층의 속도에 의해 결정됩니다. 즉 가장 낮은 층의 침투속도가 느리다면 표면에 아무리 물이 잘 빠지는

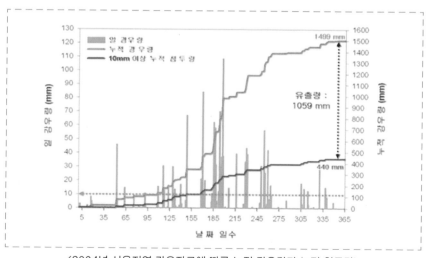

〈2004년 서울지역 강우자료에 따른 누적 강우량과 누적 침투량〉

시설을 했다고 해서 도로 전체가 물이 잘 침투되는 것은 아니라는 뜻이지요. 따라서 비가 많이 올 때는 침투효율이 떨어질 수밖에 없습니다.

이 이론의 근거를 실제 기상청의 자료를 가지고 입증해 보겠습니다. 2004년 서울 지역의 실제 강우량은 1,499mm였습니다. 이때 만약 내린 비 중에서 모두 침투시킬 수 있는 빗물의 양을 10mm라고 가정한다면, 실제로 침투되는 양과 그 날짜는 매우 적습니다. 전체 비가 온 날 100일 중에서 10mm 이상 온 날 수는 44일이고, 10mm 이하로 내린 날은 66일입니다. 따라서 빗물침투 시설이 제 성능을 발휘하는 날은 일년 중 66일밖에 안된다는 얘기입니다. 그리고 1,499mm 중 침투되는 양은 440mm가 됩니다. 따라서, 우리나라처럼 여름에 한꺼번에 많은 비가 올 때에는 기대했던 만큼 빗물이 침투되는 양이 많지 않다는 것입니다(이때 만일 어느 지역의 침투량을 구하기 위해서는 mm 단위로 나온 침투량에 그 지역의 면적을 곱하면 됩니다).

이 수치는 개략적으로 가정한 것이므로 전문가의 검증과 새로운 계산이 필요합니다. 그러나 분명한 것은, 비가 많이 올 때는 침투의 효율성이 떨어진다는 결과는 변함이 없을 것입니다. 더욱 분명한 사실은, 비는 도시 전역에 걸쳐 오는데, 일부 지역에만 투수성 포장을 깔았을 때 침투되는 빗물의 양을 전체 면적으로 환산하면 그 양이 매우 미미하다는 것입니다. 그렇다고 해서 하천에 물이 넉넉히 흐르는 효과를 거둘 수 있을 정도로 투수성 포장을 전 지역에 걸쳐 고루 깔기 위해서는 아마 천문학적인 비용이 들어갈 것입니다.

아마 침투성 포장을 하면 천천히 빗물을 지하로 침투시켜 지하수를 보충하고 하천이 마르는 것을 막을 수 있는 것으로 기대할 것입니

다. 하지만 침투시설의 홍수제어 효과는 알고 보면 무척 미미합니다. 비가 많이 오는 여름에 침투시설은 마치 한 번 젖은 기저귀와 같아서 침투능력이 많이 떨어지기 때문입니다. 그래서 많은 돈을 들여 침투성 포장을 해놓고 다시 하수도나 하천에서 홍수에 대비한 시설을 또 설치하게 됩니다.

그렇다면 좋은 해법을 한 번 찾아보겠습니다. 여러분이나 혹은 여러분의 자녀가 먹는 과자 중에 구멍이 여러 개 난 비스킷을 본 적이 있을 것입니다. 비스킷을 구울 때 발생하는 가스가 잘 빠져나가도록 일정한 간격으로 구멍을 만들어 놓은 것입니다. 만약 구멍이 없거나 큰 구멍 한 개만 있다면 가스가 안빠져 나가거나 고루 빠져나가지 않을 것입니다. 빗물의 침투 원리도 이와 마찬가지입니다. 즉 빗물이 전체 유역에 걸쳐 골고루 침투할 수 있는 시설을 만들어주어야 한다는 것입니다. 즉 비스킷의 일부 표면에만 가스가 빠지는 구멍을 만드는 것이 아니라(침투성 포장), 분산화 된 여러 개의 구멍을 만들어줘야 한다는 것입니다(저장 및 침투시설).

전국의 포장도로 전부를 다 뜯어내고 투수성 도로로 바꾸는 것은 비용 면에서나 기술상의 문제 때문에 불가능하고 또 효율성이 떨어집니다. 그렇다면 지금의 불투수성 포장도로를 바꾸지 않고 빗물을 침투시킬 수 있는 기술이 필요합니다. 그것이 바로 빗물 저장 및 침투시설입니다.

이러한 관점에서 본다면 우리 선조들이 했던 방법을 볼 때 놀라움을 금치 못하겠습니다. 전 국토에 걸쳐 논에 물을 가두고 천천히 지하로 침투하도록 하는 것이라든지, 군데군데 방죽을 만들어 물을 침투시켰던 것은 모두 우리나라의 강우특성을 고려한 저장과 침투 방법입니다. 그래서 제가 어렸을 때만 해도 땅을 조금만 파도 물이 나왔고 하천마다 물이 넉넉하게 흘렀습니다.

우리가 배워야 할 것은 외국에 있지 않고 바로 우리 선조들의 지혜에 있습니다. 물론 그렇다고 해서 전 국토에 걸쳐 다시 논을 만들자는 이야기는 아닙니다. 이러한 개념을 이용하여, 최근에 개발된 자재나 시공, 관리기술을 접목하자는 것입니다. 말하자면 옛것을 빌어 새것을 창조하자는 것입니다.

뭉치면 죽고 흩어지면 산다

> 빗물과의 경기에서 살아남기 위해서는 우리 국민 모두 힘을 뭉쳐 빗물의 힘을 분산시켜야 합니다. 그렇지 않으면 우리는 매년마다 빗물의 공격 앞에 속수무책으로 당해야 합니다.

여러 사람이 어떤 위험한 일 앞에서, 또는 스포츠 경기나 게임을 할 때 '뭉치면 살고 흩어지면 죽는다'는 말이 있습니다. 하지만 공격할 때는 뭉쳐야 하지만, 수비를 할 때는 적의 힘을 분산시켜야 합니다. 그래야 상대방의 힘을 분산시켜서 이길 수 있기 때문입니다. 빗물을 관리할 때도 이 말이 통합니다. 빗물의 양과 힘을 분산시키고, 모든 사람이 힘을 합쳐야 합니다.

현재 우리가 빗물을 관리하는 방법은 지나치게 뭉쳐져 있습니다. 말하자면 모든 빗물을 빨리 그리고 한꺼번에 하천에 몰아넣고 하천에서 방어하는 셈입니다. 이럴 경우 비가 애초의 설계치보다 많이 오면 이를 막기 위해 하천의 댐이나 제방을 더 높고 더 튼튼하게 만들어야 합니다. 공사를 한 번 시작하면 일년 이상 걸리는데, 그러다 보면 다음 해에 닥치는 장마철에 어떻게 해야 할까요? 속수무책입니다.

또 하나의 문제점은 하천을 너무 반듯하게 만든다(이를 직강화라고 합니다)는 점입니다. 요즘 지자체 등에서 하천을 복원할 때 이렇게 하는 곳이 많이 있습니다. 빗물의 에너지를 고루 분산시켜 주는 자연석을 빼내고 콘크리트로 반듯하게 길을 내서 그야말로 빗물에 고속도로를 만들어주는 것입니다. 이럴 경우 분산되어 내려온 빗물의 힘을 뭉치게 해주는 꼴이 됩니다. 공사를 한 곳에서는 물이 잘 빠져 피해가 없을지 모르지만, 하류에서는 뭉쳐진 빗물의 엄청난 에너지로 인해 큰 타격을 받을 수 있습니다. 우리나라처럼 산지가 많은 곳에서는 특히 위험합니다.

이와 같은 기존의 빗물 관리 방법으로는, 하류 제방의 붕괴 위험은 물론, 흙탕물로 인해 생태계가 파괴될 수 있습니다. 물론 그 피해는 고스란히 인간에게 돌아갑니다. 이런 방법은 결코 안전하지도 지속 가능하지도 않습니다.

그렇다면 이러한 피해를 막는 방법은 없을까요. 빗물의 힘을 분산시키면 됩니다. 힘이 세진 빗물을 하천에서 막는 것이 아니라, 빗물이 떨어진 그 자리에서 힘을 최대한 분산시킨 다음 막아줍니다. 즉 빗물이 떨어지는 모든 면에 걸쳐 빗물을 모아두고 땅 속에 침투시키면 빗물이 흘러내리는 양과 에너지를 분산시켜 하천에서의 피해를 줄일 수 있습니다.

하천의 자연 상태를 그대로 유지하면서 빗물의 힘을 줄여 주어야 합니다. 에너지가 약해진 빗물은 기존의 하천에서 쉽게 감당할 수 있어 하류에 홍수나 흙탕물의 피해를 줄여줄 수 있습니다. 산기슭에 크고 작은 저수지와 논을 만들어, 빗물을 가두고 땅 속에 침투시키면 빗물의 양과 에너지를 분산시킬수 있습니다. 이렇게 다스려진 빗물과 땅 속에 보충된 지하수는 생태계와 인간을 풍요롭게 할 것입니다.

이때 중요한 것은, 이러한 실천을 전 지역에 걸쳐서 모든 사람이 동참해야 한다는 사실입니다. 특히 상류 지역에서 우리는 홍수를 당할 염려가 없으니 굳이 동참하지 않아도 되는 것 아니냐 할 수 있습니다. 그러나 하류지역의 우리 이웃을 생각해 빗물을 분산시킬 수 있는 시설을 만들어주시기 바랍니다. 그래야 전체의 피해를 줄일 수 있으니까요.

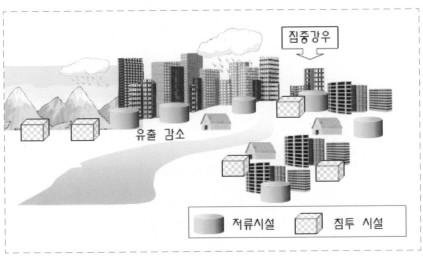

〈분산형 빗물 관리〉

빗물과의 경기에서 살아남기 위해서는 우리 국민 모두 힘을 뭉쳐 빗물의 힘을 분산시켜야 합니다. 그렇지 않으면 우리는 매년 빗물의 공격 앞에 속수무책으로 당해야 합니다. 비를 다스리느냐, 비에게 다스림을 받느냐는 우리의 선택에 달려 있습니다.

🌧 빗물 이용시설, 여름에만 쓴다고요

비상금은 항상 가지고 다니지만 한 번도 사용하지 않는 것이 좋습니다. 그저 심리적인 안정감을 주는 것만으로도 비상금은 제 역할을 다 합니다.

우리는 살아가면서 참 많은 것들을 소유하고 버리고 또 새로운 것들을 갖기 위해 애를 씁니다. 그 중에는 꼭 필요한 것들도 있지만 별로 오랫동안 쓰지도 않으면서 괜한 욕심에 구입하는 것들도 있습니다. 예를 들어, 에어컨 같은 경우는 일 년에 길어야 30일 정도 사용하며 히터도 겨울 한철에만 가동합니다. 별장이나 콘도를 갖고 있는 사람도 백수가 아닌 다음에야 일 년에 10일 이상 사용하는 것은 드문 일입니다. 크리스마스 트리나 석가탄신일의 연등은 일 년에 기껏해야 10여 일 정도 사용합니다. 결혼식 예복은 평생 한 번 입지만(물론 어떤 사람은 두세 번 입기도 합니다만) 거금을 아까워하지 않습니다.

비싸게 준비해놓고 전혀 사용을 하지 않아도 오히려 좋아하는 경우도 있습니다. 예컨대, 비상금은 항상 가지고 다니지만 한 번도 사용하지 않는 것이 좋습니다. 그저 심리적인 안정감을 주는 것만으로도 비상금은 제 역할을 다 합니다.

어떤 사람들은 우리나라에서는 비가 여름 한철에 집중적으로 내리기 때문에 빗물이용 시설을 설치해봤자 여름에만 사용할 수 있는 것 아니냐고 묻기도 합니다. 효용가치가 낮다는 것입니다. 정말 그럴까요? 다른 시설들과 빗물이용 시설의 효용성을 연간 사용하는 날짜를 비교하여 살펴보겠습니다.

　　먼저 빗물 펌프장의 예를 들어보겠습니다. 대개 상습적으로 침수가 일어나는 지역에 거대한 빗물 펌프장을 만드는데 이 때 비용이 수백억 원이나 들어갑니다. 그런데 이 막대한 비용을 들인 시설을 일년 중 며칠이나 사용할까요? 빗물 펌프장은 대개 20년이나 50년에 한 번 올만한 강우에 대비하여 설계되었기 때문에 그 설계 빈도만큼 사용하는 것이 당연합니다. 그래서 대부분의 빗물 펌프장은 일 년에 한두 번도 사용하지 않습니다. 오히려 그것을 다행으로 여깁니다.

　　댐의 경우를 보겠습니다. 예를 들어, 10억 톤짜리 용량의 댐이라도 꽉 채워놓는 경우는 절대로 없습니다. 왜냐하면 이 거대한 시설이 넘치면 하류에 엄청난 홍수피해를 주기 때문입니다. 따라서 200-500년 만에 한 번 올 수도 있는 비가 언제 올지 모르기 때문에 댐의 상부에 약 2-3억 톤은 항상 비워놓아야 합니다. 그런가하면 가물 때를 대비하여 이 댐에는 항상 2-3억 톤의 물은 가두어놓고 있어야 합니다. 가뭄이 언제까지 이어질지 모르는 상황에서, 이 물에 의존하는 사람들을 위해 항상 그 정도의 물을 확보해두어야 하기 때문입니다. 따라서 빗물을 모으는 그릇이 꽉 차 있는 날은 없고 항상 거의 빈 상태로 유지하는 것입니다. 그렇게 비워두는 날이 많은 댐을 만들기 위해 엄청난 비용을 쏟아붓고, 수몰 예상지역의 주민들을 강제로 이주시켰느냐고 원망을 듣습니다.

그렇다면 소규모 빗물이용 시설의 경우는 어떠할까요? 서울대학교 기숙사에 있는 200톤 규모의 빗물 저류조를 일 년 동안 운전해 본 결과, 하루 평균 6.3톤 가량의 화장실 용수를 공급하면서 일 년간 총 1,600톤 가까이 사용했습니다. 따라서 빗물을 사용한 날수는 약 250일, 빗물이 없어서 수돗물을 사용한 날은 115일 정도가 된다는 계산이 나왔습니다. 그 이유는 봄이나 가을에 조금씩 오는 빗물이 저류조를 보충해주었기 때문입니다. 예를 들어, 면적이 2,000m²인 지붕에 10mm 가량의 비가 오면 약 20톤이 보충됩니다. 한편 빗물이 없는 경우에는 자동적으로 수돗물이 공급되도록 장치를 했기 때문에 비가 거의 오지 않는 겨울이라도 화장실을 못가는 경우는 없습니다.

물론 위의 빗물 사용 일수는 상대적인 것으로, 빗물 저류조의 용량이 적거나 물 사용량이 많으면 줄어들 것입니다. 어쨌거나 빗물 저류조의 물을 여름 한철에만 쓸 것이라도 일반적인 생각과는 달리, 일년 중 5-7개월 가량 사용할 수 있습니다. 일년 중 겨우 절반밖에 되지 않느냐고 따지는 분도 있을 것입니다. 하지만 서두에 제시한 다른 생활 시설이나 물건들에 비하면 훨씬 오래 사용하지 않습니까? 횟수 면에서도 빗물 이용시설이 훨씬 더 많은 빈도를 보이고 있습니다.

서울대학교 기숙사의 빗물 이용시설은 담고 쓰기를 반복하여 일년에 8번을 사용한 셈이 됩니다(1600톤 사용량/200톤 용량 = 8회). 만일 집중호우가 예상되는 시점에 큰 비가 오기 전 미리 펌프를 이용해 저장조를 비워두면 일 년에 12번까지 사용할 수 있습니다. 이렇게 함으로써 하류의 홍수도 예방할 수 있으니 일석이조가 될 것입니다.

이처럼 분산형 소규모 빗물이용 시설을 빗물 펌프장이나 댐 등과 같은 집중형 대용량 시설과 연간 사용 일수를 비교해보면 그 경제적 효용가치가 매우 높다는 것을 알 수 있습니다. 이는 마치 한달 치 용돈을 지갑 안에 모두 넣어두고 잃어버릴까봐 마음 졸이는 것보다 주머니 여기저기에 분산시켜 놓으면 잃더라도 부분적으로 잃게 되니 더 안심이 되는 것과 같습니다.

☁️ 볼록 지형에 오목 마인드면 물 부족은 끝

> 물 문제를 해결하기 위해서는 한 두 사람이나 어느 한 단체에서만 이런 일을 해서는 큰 효과가 없습니다. 우리 모두의 실천이 필요합니다.

물이 높은 곳에서 낮은 곳으로 흐른다는 것은 상식 중의 상식입니다. 만일 어느 지역에 홍수가 났다고 하면 그것은 그 지역의 문제라기보다는 그보다 높은 곳에서 내려온 빗물 때문입니다. 따라서 홍수를 방지하기 위해서는 상류에서 빗물을 천천히 내려 보내거나 땅 속으로 흘러들어가게 해서 조금만 내려가도록 해야 합니다.

그런데 우리나라는 국토의 70%가 산으로 이루어져 있습니다. 거의 전국의 땅이 볼록 볼록 튀어나왔다고 볼 수 있습니다. 서울시내만 해도 차를 타고 가다보면 평지만 줄곧 달리는 경우가 드뭅니다. 반드시 오르막과 내리막길이 있습니다. 그래서 여름 장마철이 되면 여기저기서 홍수가 발생하는 것입니다. 볼록 지형에서 볼록 마인드를 가지고 관리한 결과입니다.

그렇다고 해서 홍수가 날 때마다 우리나라 고유의 이러한 지형 탓만 하고 있어야 할까요? 여기서 중요한 것이 발상의 전환입니다. 볼록 마인드를 오목 마인드로 바꾸는 것입니다. 예를 들면, 반지름이 10미터인 어느 원형 정원에서 가운데와 가장자리의 높이 차를 50cm정도를 두어 약 5% 정도의 경사를 만들었다고 가정해 보겠습니다. 이 정도의 경사는 눈으로 분간하기 어려울 정도로 미미합니다. 이때 안에서 바깥 쪽으로 경사지게 해서 가운데를 불룩하게 만들면 내린 비가 모두 밖으로 빠져나갑니다. 반면에 가운데를 오목하게 만들면 빗물이 흘러내려가는 것을 방지해 30-50톤 가량 모을 수 있습니다. 경사면 아래로 흘러내려가는 물을 줄여주어 홍수를 방지하고 오목한 곳에 모인 물은 지하로 침투되어 지하수를 보충할 수도 있습니다.

한 지역에서 오목한 곳을 만들면 빗물을 모으는 양은 얼마 되지 않겠지만 전 국토에 걸쳐 현지 지형조건에 맞게 오목한 곳을 많이 만들면 엄청나게 많은 빗물을 모을 수 있습니다. 이때 볼록하게 하거나 오목하게 하거나 공사비는 별 차이 없습니다. 도로를 만들 때, 집에서 정원을 꾸밀 때, 산비탈을 이용할 때, 논농사를 지을 때, 모든 사람이 이것을 고려하고 실천에 옮기면 좋겠습니다. 물 관리 전문가나 기술자뿐만 아니라 모든 시민들, 정치가들도 이것을 요구하고 설계기준 등에도 이것을 적용하면 좋겠습니다. 오목 마인드만 있다면 돈을 많이 들이지 않고도 쉽게 물 부족에서 물 부자가 될 수 있을 것입니다.

물론 이렇게 하면 불편이 따를 수도 있습니다. 고인 물 때문에 질퍽거릴 수도 있고 모기가 발생할 수도 있습니다. 하지만 이런 문제는 모두 기술적으로 해결할 수 있습니다. 사실 우리 주위에 이처럼 오목 마인드를 가지고 만든 시설이 있습니다. 누구나 이것을 보면 그 효과를 인정할 것입니다.

자유로가 바로 그러한 곳입니다. 여러분 중에는 자유로를 달릴 때 상행선과 하행선 가운데가 움푹 파여서 비가 오면 그쪽으로 물이 흘러 고이는 것을 본 사람이 있을 것입니다. 다른 도로에서는 비가 오면 배수구를 통해 빗물이 하천으로 빨리 흘러가버리는 대신, 이곳에서는 빗물이 분리대 내에 고여 있다가 땅 속으로 천천히 침투하도록 되어 있습니다. 이 도로의 길이를 약 10km라 가정하고, 깊이를 1미터 가량 파고, 배수를 조절하기 위한 턱만 군데군데 둔다면 쉽게 10만 톤 규모의 댐이 만들어지는 셈입니다. 다른 도로도 이와 같이 만들었다면, 도로 때문에 홍수가 발생하고 주의의 논밭이 오염되는 일은 없을 것이며, 지하수도 충분히 보충할 수 있을 것입니다.

경사진 산비탈 면에는 오목도 볼록도 없지만 인위적으로 이곳을 오목하게 만들어줄 수 있습니다. 등고선을 따라 흙으로 약 20cm 정도의 턱을 만들어주는 것입니다. 비가 오면 물은 이 턱보다 높아질 때까지 고여 있다가 서서히 지하로 침투될 것입니다. 비가 좀 더 많이 올 때는 이 턱을 넘어 흐르게 할 수 있습니다. 여기서 고여 있는 물의 양은 얼마 안 되지만 적어도 홍수의 위험도는 줄일 수 있습니다.

논이야말로 최고로 훌륭한 빗물 모으기 그릇입니다. 그런데 논의 가장자리에 물이 빠져나가지 못하도록 흙으로 턱을 쌓으면 오목하게 되어 이 그릇의 용량이 훨씬 커질 것입니다. 만일 비가 너무 많이 온다면 물꼬를 터서 물이 흘러나가게 할 수도 있습니다.

다행히 서울시에서는 뉴타운 등 대형 개발 사업을 할 때 녹지를 오목한 형태로 만들어 빗물을 가둘 수 있도록 정책을 수립했습니다.

그러나 물 문제를 해결하기 위해서는 한 두 사람이나 어느 한 단체에서만 이런 일을 해서는 큰 효과가 없습니다. 우리 모두의 실천이 필요합니다. 사회 모든 분야에서 모든 사람들이 한 목소리로 이런 것을 하자고 외칠 때에 그 실효성을 거둘 수 있습니다. 또한 이렇게 했을 때 전체적인 사회적 비용도 줄일 수 있어서 모든 사람에게 좋은 윈-윈 효과를 가져옵니다. 2000년 제 2차 세계 물포럼에서 선언문으로 채택한 구호는 "Water is everybody's business."입니다. 즉 물은 모든 사람이 관심을 가져야 하는 문제라는 것입니다. 다른 나라는 몰라도 우리나라는 당장 실천에 옮겨야 합니다. 강우패턴이 우리나라만큼 열악한 곳이 없으니까요. 물 문제는 우리 모두가 함께 풀어야 할 숙제입니다.

〈볼록 지형에 오목 마인드〉

☁ 빗물 이용 시설 100배 즐기기

자신들이 빗물 이용이라는 블루오션을 개척했다는, 매년 버려졌던 400억 톤의 물을 귀중한 수자원으로 되찾는데 공헌했다는 자부심을 가지시기 바랍니다.

요즘은 다행스럽게도 시민들이 빗물 이용에 대해 점점 관심을 갖게 되면서 제도권의 참여도 확산되고 있습니다. 행정복합도시를 비롯한 신도시나 도시 재개발 계획에서는 물론, 기존의 도시에서도 빗물 이용시설을 적극적으로 도입하고 있습니다. 서울시에서도 '빗물 가두고 머금기 프로젝트'를 가동해 빗물을 최대한 이용할 수 있도록 장려하고 있습니다. 서울시 광진구나 경기도 의왕시 등 지자체에서도 빗물 이용시설을 설치하는 건축물에 인센티브를 주기도 합니다. 얼마 전에는 제주도와 경상남도에서도 공무원과 일반 시민들이 빗물 이용에 큰 관심을 갖고 관련 단체를 만들어 활동하고 있습니다. 환경부와 국토교통부에서는 친환경 건축물 인증제도에 빗물 이용시설을 도입하고 있습니다. 이런 추세로 간다면, 앞으로 빗물 이용이 당연시되어 빗물 이용시설이 있는 도시나 아파트가 주민들에게 인기가 높아질 것입니다.

하지만 그런데도 시민들은 걱정을 합니다. 빗물 이용시설 때문에 건설단가가 올라가지는 않을까, 주민이 빗물 이용시설의 유지 관리비를 부담해야 하는 것 아닐까 하는 우려를 합니다. 정말 산성비에 대해 안심해도 되는걸까, 모아둔 빗물의 수질에는 문제가 없을까 라는 걱정도 합니다. 그런가 하면, 환경부에서는 '빗물을 물 절약용으로만 사용한다면 빗물 이용시설은 비경제적이다'라는 보고서를 단골로 이용하면서 더 이상의 적극적인 추진은 하지 않습니다. 국토교통부에서도 '그까짓 조그만 빗물탱크로 어떻게 홍수를 잡는단 말인가?'라는 의문만 계속 던지고 있습니다.

이러한 염려와 의문을 잠재우기 위해서는 빗물 이용시설을 보다 경제적으로 만들고, 유지관리를 쉽게 하고, 홍수 방지와 물 절약, 친환경 조성, 방재 등 여러 가지 목적에 잘 맞게 사용되도록 만드는데 신경을 써야합니다. 단지 건설비를 싸게 하기 위해서 흉내만 낸 시설은 주민들의 소중한 돈을 축내고 나중에 원성만 듣게 될수도 있습니다.

어떤 시설이 좋고 나쁜 것은 비전문가라도 평가할 수 있습니다. 마치 음식을 잘 만들수는 없어도 미식가가 될 수 있고, 운동장에서 직접 뛰지는 못하더라도 야구나 축구의 관전평을 잘 할 수 있는 것처럼 말입니다. 빗물에 관해서도 몇 가지 상식적인 체크 포인트를 가지면 누구나 전문가 못지않은 안목을 가질 수 있습니다. 그리고 불필요한 의심과 회의를 거둘 수 있을 것입니다.

서울대학교 기숙사의 빗물 이용시설을 운전해 본 결과를 토대로, 일반인들이 쉽게 빗물 이용시설의 성능을 체크할 수 있는 방법을 제시해보겠습니다. 더욱 자세한 체크 포인트는 관련 정부 부처에서 빗물 이용시설의 설계 지침이나 유지관리 지침 등을 만들 때 다루어져야 할 것입니다.

체크 포인트 1 더러운 물인가, 깨끗한 물인가

가장 중요한 항목은 바로 빗물의 수질입니다. 이것으로 수자원이

상수원이 될지, 하수가 될지 그 가치가 결정되기 때문입니다. 지붕을 주기적으로 청소하고 빗물을 받으면 무척 깨끗합니다. 이때에는 아주 초보적인 처리장치만 있으면 됩니다. 그런데 잘못해서 지붕의 깨끗한 빗물과 땅에 떨어진 더러운 물을 섞어서 받는다면 전체가 더러운 물이 되어버릴 것입니다. 이때에는 복잡한 정수처리 시설이 들어가야 하고, 그에 따른 유지 관리비는 주민들이 물어야 합니다. 그러므로 중요한 것은 깨끗한 물을 받는 것입니다.

체크 포인트 2 │ 일 년 동안 얼마만큼의 빗물을 사용했는가

빗물 이용시설의 경제성을 평가하기 위해서는 전체 빗물 사용량을 알아야 합니다. 이것은 수도용 계량기만 달면 알 수 있습니다. 이때 나타난 사용량이 바로 수도요금 절감액이 되며, 나중에 수도요금 감면 등 인센티브를 받는데 훌륭한 실적으로 이용될 것입니다. 가령 서울대 기숙사의 경우, 200톤의 저장조에서 1년간 1,600톤을 받아썼으니 1,600톤 ÷ 200톤 = 8사이클이라는 계산이 나옵니다. 다른 빗물 시설도 이와 같은 사이클 수를 평가지표로 이용하여 그 성능을 평가하면 됩니다.

체크 포인트 3 │ 유지 관리비는 얼마나 들었는가

어떤 시설이 아무리 설치비가 적게 들었다 해도 사후 유지 관리비가 많이 들어간다면, 괜히 설치했다고 후회하기 십상입니다. 따라서 빗물 이용시설 역시 유지 관리비를 고려해야 합니다. 빗물 저장조에는 펌프를 이용합니다만, 어차피 이 동력비는 상수도를 이용해도 마찬가지로 들어가기 때문에 추가의 비용이 들어가는 것은 아닙니다. 다만 추가로 들어갈 것은 약품비, 기계의 유지관리비, 저장조의 청소비 정도입니다.

체크 포인트 4 다른 불편한 점은 없는가

빗물 이용시설이나 주변에서 냄새가 나거나 미관상 보기에 나쁘면 큰 문제는 아니지만 썩 유쾌하진 않을 것입니다. 혹시 하수도의 냄새가 역류한다든지, 모기가 발생한다든지, 시설에 때가 낄 수도 있습니다. 물론 잘 설계된 시설에서는 이런 문제가 발생하지 않을 것입니다. 서울대학교 기숙사의 경우 여름에 모기가 약간 발견된 적이 있지만 그것은 잘못 설치된 배관에 일부 고인 물에서 번식한 것입니다.

체크 포인트 5 기존의 빗물 이용시설을 방문해 봤는가

서울대학교 기숙사의 빗물 이용시설의 경우 2년 동안 국내외에서 이것을 보기 위해 500명 이상의 방문객이 다녀갔습니다. 직접 오지 않았더라도 국내외 학회와 언론에 소개되어 간접적으로 본 사람도 전 세계적으로 꽤 많을 것입니다. 이미 자국이나 자신의 지역 내에 빗물 이용시설이 있는 사람은 속으로 비교를 해 봤을테고, 아직 이 시설이 없는 곳에서는 벤치마킹 대상으로 삼았을 것입니다. 저와 연구원들은 방문객들에게 언제라도 자신 있게 설계자료와 운전자료를 제공하면서 시설에 대해 설명을 했습니다. 어떤 물건이나 시설이든지 이렇게 최선을 다해 만들었다면 언제나 누가 와서 보더라도 자신 있게 보여 줄 수 있을 것입니다.

여러분들도 빗물 이용시설을 설치하기 전에 근처에 시설이 있으면 한 번 방문해보시기 바랍니다. 그리고 이 시설을 설치한 단체의 담당자나 시공 업체에게 위의 체크 포인트에 대한 자료를 요구해 보십시오. 그래야만 나중에 비싼 유지 관리비 때문에 후회하지 않을 테니까요(물론 그렇다고 해서 모든 빗물 이용시설의 유지 관리비가 비싸다는 얘기는 아닙니다.). 이렇게 직접 미리 자신의 눈으로 보고 체험하면, 빗물 이용에 대한 막연한 불안감을 없애고, 자연스럽게 전 세계의 물 문제에도 관심을 가지게 될 것입니다. 이것이야말로, 생각은 전 세계적으로 하고, 행동은 지역적으로 하는(Think Global, Act Local) 것입니다.

이와 같은 체크 포인트로 체크해보면, 아직은 초기 단계이기 때문에 여러 가지 시행착오가 있을 수 있습니다. 이러한 실수는 관대하게 머리를 맞대고 앞으로 만들어질 가이드 라인에 따라 고쳐나가야할 것입니다. 아직까지는 이것을 계획하고 설치한 담당자에게 책임을 묻지는 맙시다. 처음 시도해보는 일이라 훈련이 부족할 따름이니까요. 담당자들도 용기를 내서 문제점을 도출해낼 필요가 있습니다. 문제점을 알아야 개선할 수도 있기 때문입니다. 장 담글 때 생기는 구더기는 감춘다고 해서 없어지는 것이 아니라 오히려 더 생길 뿐입니다. 그러니 자신들이 빗물 이용이라는 블루오션을 개척했다는, 매년 버려졌던 400억 톤의 물을 귀중한 수자원으로 되찾는데 공헌했다는 자부심을 가지시기 바랍니다.

이미 우리 조상들은 측우기를 발명하고 500년 이상의 강우를 기록했으며, 김제 벽골제, 제천 의림지와 같은 저수지를 축조하는 등 빗물 관리기술이 전 세계에서 최고였다는 것이 증명되었습니다. 그 뿐 아니라, 홍수가 났을 때 하류에 피해를 줄 것을 우려해 상류지역 사람들이 자발적으로 돈과 노력을 들여 빗물 저류지를 만들어 홍익인간 정신을 실천했습니다. 게다가 그 빗물 관리시설을 홍수와 가뭄 등에 대비한 다목적용으로 사용하여 가장 열악한 강우패턴을 극복하고 우리나라를 금수강산으로 유지했습니다. 이러한 사실들은 세계 어디에 내놔도 자랑할만한 것입니다.

그와 같은 조상들의 지혜와 철학을 오늘날의 빗물 관리기술에도 적극적으로 도입해야 할 것입니다. 다행히 지금처럼 빗물 이용에 관한 마인드와 기술이 확산된다면 우리나라는 빗물관리에 관한 한 세계 제일이 될 것입니다. 이미 서울시의 분산형 빗물관리 시스템에 관한 조례 제정은 세계 제일이라고 UNEP와 세계기상기구(WMO) 등 전 세계 물과 재해 전문가들로부터 극찬을 받고 있습니다.

우리나라의 빗물 관리 철학과 기술은 앞으로 전 세계 사람들이 기후변화에 따른 물 문제 때문에 고민을 할 때 좋은 해답을 줄 수 있고, 이는 또 다른 모습의 한류가 될 것입니다. 여러분이 바로 그 한류의 주인공이 될 수 있습니다.

부록

재앙에서 축복으로, 빗물

- 화보로 보는 빗물 이용의 실제 -

빗물 이용은 책상머리에서 그치는 이론이 아닙니다. 실천이
어려운 것도 아닙니다. 실제로 세계 곳곳에서는 빗물을 일상
생활에 이용하고 있습니다. 어찌 보면 너무 간단해서, 너무
쉬워보여서 미덥지 못하다고 간과해버렸던 빗물 이용. 이제,
지구와 인류를 살리고 재앙을 축복으로 바꾸는 빗물의 놀라
운 힘을 만나보십시오.
2007년 세계 물의 날을 맞아 SBS에서 특집 다큐멘터리로
방영되었던 빗물 이용의 실제 사례를 생생한 화보와 함께
싣습니다.

연출 : 황성연(PD)
구성 : 정선영(방송작가)

>> 아프리카에서의 빗물 이용 사례

아프리카 케냐

● 아프리카에서도 기름진 땅으로 소문났던 초원지대엔 메마른 흙먼지만 가득하다. 푸르른 초원이 펼쳐져야 할 곳에 죽은 짐승의 뼈들만이 을씨년스럽게 뒹굴고 있다. 이곳의 가뭄이 얼마나 심각한지 알 수 있는 증거다.

● 케냐는 최근 10년 사이에 강우량이 최대 50%까지 줄어들어 연간 강수량이 200에서 500ml 정도에 불과하다. 3년이 넘도록 우기에도 비가 오지 않자 급기야 케냐 정부는 국가 재난 상태를 선포했다.

- 대부분의 주민들은 아이 어른 할 것 없이 하루에도 수십 킬로 미터를 걸어서 물을 구하러 다닌다.
  아이들은 학교에 가는 건 꿈도 못꾼다. 당장 한 방울의 물이라도 길어야 생명을 유지할 수 있기 때문이다.

- 카쿠마 난민촌. 먼 곳을 걸어온 주민들은 강가의 모래밭을 파내고 거기 고인 흙탕물을 길어간다.
  불모의 땅에서 벌이는 생존의 사투. 이것은 재앙이다.

● 더욱 위험한 것은, 이런 흙탕물을 제대로 가라앉히지도 않고 바로 마신다는 사실이다. 이런 물을 마시고도 몸이 성하기를 바랄 수 있을까.
이처럼 저개발 국가의 수많은 아이들이 각종 수인성 질병에 걸리는데도 제대로 된 치료를 못받아 죽어간다.
유엔개발계획에서 발표한 인간개발 보고서에 따르면, 매년 전 세계 어린이 1800만 명이 오염된 물로 인해 죽어간다고 한다. 이는 AIDS로 사망하는 어린이의 5배에 달하는 숫자다.

● 그런데 뜻밖에도 재앙만이 지배할 것 같았던 아프리카에서 작은 희망의 징조가 보인다. 킬리만자로 인근 마을이 빗물이용 시범 지역으로 선정되어 빗물 탱크가 설치된 것.
한국의 어느 선교 단체에서 설치해 주었다고 한다.

● 예전에는 최고 수십 킬로미터 씩 걸어가 물을 받아오면 녹초가 됐던 주민들은 이제 아무 때나 이곳에 와서 세상에서 가장 깨끗한 빗물을 받아간다. 다행히 이 지역은 강우량이 충분해 얼마든지 빗물로 모든 것이 해결 가능하다. 주민들은 빗물의 수질에 대해 무척 만족스러워 한다.

● 더욱 다행스러운 일은, 빗물을 이용해 농사를 짓는다는 사실이다. 빗물로만 재배한 농작물은 푸르고 싱싱해 주민들에게 삶의 희망을 안겨주고 있다.

≫ 대만에서의 빗물이용 사례

- 대만은 한국의 지형과 비슷하게 산이 많은 나라. 그리고 연평균 강우량이 2500mm에 달해 홍수가 잦은 나라인 반면, 아이러니하게도 세계 5위 안에 드는 물 부족 국가이기도 하다. 따라서 홍수와 물 부족이라는 두 가지 문제를 해결하기 위해 대만에서는 빗물을 적극 이용한다.

타이페이 동물원

- 이곳은 아시아 최대 규모라는 타이페이 동물원. 빗물이용 시스템이 아주 잘 갖춰져 있는 곳이다. 예전에는 이곳 동물원 청소와 동물들의 음용수 등으로 한 해 평균 1500만 톤의 물이 소요되었다고 한다. 우리 돈으로 연간 4억 원 가량 나오는 상수도 요금도 아주 큰 부담이었다.

● 동물원 측에서는 대만 에너지자원부와 함께 동물원으로는 세계 최초로 빗물이
용 시스템을 설치했다. 동물원 주변 산에 250톤 규모의 빗물집수 시설 8개가 설
치되었는데, 저류조의 스크린과 필터를 통해 물이 여과된 후 동물원으로 공급되
고 있다.

이렇게 빗물시스템을 통해 연간 총 800만 톤 가량의 물을 모아, 200만에서
300만 톤 가량의 물을 절약할 수 있게 되었다. 동물원 전체 물 사용량의 30%를
커버하게 된 셈이다.

>> 인도네시아에서의 빗물 이용 사례

● 이곳은 인도네시아 반다아체 마을.

2004년, 이 마을을 초토화시킨 쓰나미의 흔적이 아직 여기 저기 남아 있다. 쓰나미 이후 가장 절박한 문제로 남겨진 것은, 심하게 오염된 하천과 파괴되어버린 상수도 시설이다. 마을 우물물 역시 심하게 오염되어 식수는 물론 생활용수로도 쓸 수 없는 지경이다.

우물물을 쓰면 피부병에 걸리고 복통, 설사를 한다는 것을 알면서도 다른 대안이 없으니 마을 사람들은 어쩔 수 없이 오염된 우물물로 설거지며 세탁, 목욕 등 생활용수로 쓰고 있다.

● 이곳에 가장 적절한 대안은 빗물 밖에 없다는 것을 확신한 서울대 빗물연구센터의 연구원들과 한국의 구호단체가 손을 잡고 빗물탱크를 설치해 주었다.

이 시설을 설치하는데 든 비용은 한국 돈으로 22만 여 원. 설치하는데 소요된 시간은 3시간. 이렇게 빗물 탱크는 해수담수화나 지하수 시설처럼 복잡하지 않아 누구나 잠깐만 공부하면 쉽고 저렴하게 설치할 수 있다. 무엇보다 중요한 것은, 수많은 귀한 어린 생명들을 살릴 수 있다는 사실이다. 최근 다행스럽게도 반다아체 유니세프에서도 빗물이용에 관심을 보이고 있다. 그래서 새로 짓는 340개 학교에 빗물 이용시설을 설치할 계획이라고 한다.

● 서울대 빗물연구센터와 구호단체는 이미 반다아체 내 11개의 빈민가옥과 유니세프보건소, 유치원 등에 빗물시설을 설치해 그 효과를 톡톡히 보고 있다.

빗물탱크가 설치된 집에서는, 빗물로 씻고 빨래하고 직접 마시기까지 하는데, 이로 인한 문제는 전혀 없다. 오히려 오염된 물로 인해 걸렸던 피부병이 나았다.

>> 산성비에 대한 오해와 진실

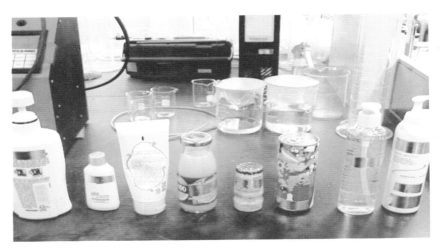

● 그런데 정말 빗물은 마셔도 될만큼 인체에 아무런 해가 없는 걸까.

우리나라 사람들은 유난히 빗물에 대해 산성비라는 불안과 불신감을 갖고 있다. 이 부분에 대해 서울대학교 빗물연구센터에서 직접 실험을 해보았다. pH 7을 중심으로 낮을수록 산성이 강하고, 높으면 알칼리성이다.

실험은 빗물과 수돗물, 그리고 주스 종류의 음료수와 샴푸 등의 산성도 비교로 이루어졌다. pH를 측정해보니, 애초에 내릴 때는 5.6 정도였던 빗물이 지붕면을 통과하는 짧은 시간에 6.3 정도의 알칼리성으로 변했다.

우리가 마시는 음료수나 샴푸 린스가 오히려 빗물보다 산성도가 더 강하다는 것을 알 수 있다. 2-3일 후. 저장조에 모은 빗물의 pH를 다시 측정해보니 7.0~7.5 사이로 금방 중화되었다.

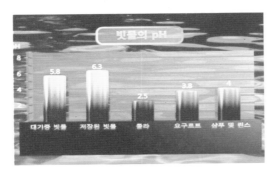

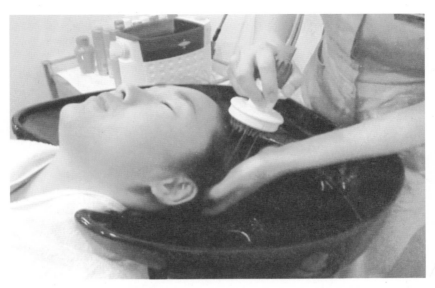

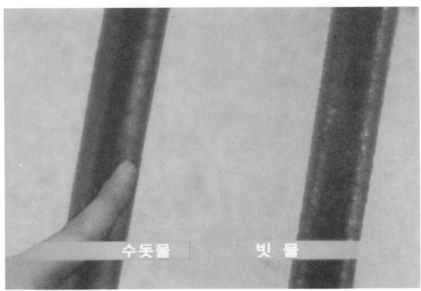

수돗물   빗 물

● 재미있는 다른 실험을 해보았다.
  빗물과 수돗물을 각각 받아 머리를 감고 두피 청결도를 조사해보니, 빗물로 감
  은 머리가 훨씬 윤이 난다는 것을 확인할 수 있었다.

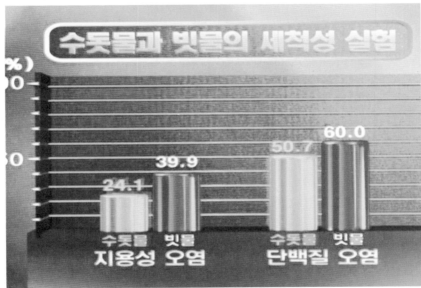

● 세탁실험도 해보았다.

　빗물과 수돗물을 받아 각각의 청결도를 테스트해본 것.

　역시 빗물로 세탁한 빨래가 더욱 청결한 상태를 보여주고 있다.

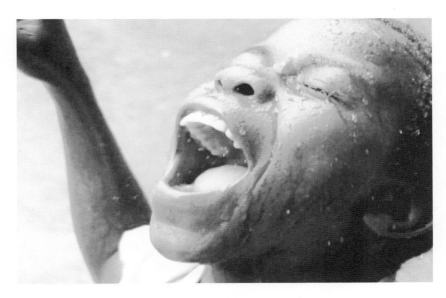

● 빗물에는 재앙을 축복으로 바꾸는 놀라운 힘이 숨어있다.
기후변화와 그에 따른 환경재앙이 빈번한 21세기 지구촌.
물 문제로 고통 받는 곳 어디에서나 빗물 이용은 귀한 생명을 살리는 희망의 조
건이 되어줄 것이다.